KB005536

수학과 함께 비상

드림캐쳐

드림캐쳐

수학과 함께 비상

펴낸날 2019년 2월 8일

지은이 유재혁, 김태경, 김세은, 한재윤, 류현서, 이다희
펴낸이 주계수 | **편집책임** 이슬기 | **꾸민이** 유민정

펴낸곳 밥북 | **출판등록** 제 2014-000085 호
주소 서울시 마포구 양화로 59 화승리버스텔 303호
전화 02-6925-0370 | **팩스** 02-6925-0380
홈페이지 www.bobbook.co.kr | **이메일** bobbook@hanmail.net

드림캐쳐

수학과 함께 비상

박준석 · 엮음 ┃ 유재혁, 김태경, 김세은, 한재윤, 류현서, 이다희 · 지음

밥북 B·B·K

"What this book means to you is

_____."

| 프롤로그 |

2016년 이현고등학교에 첫발을 딛고 2년이 지난 2018년에는 수학교사로서 새로운 도전을 하고 싶었습니다. 학남고등학교 우진아 선생님과 따옴표 수학책쓰기 동아리 학생들이 일궈낸 하나의 작품 〈문과와 이과 사이〉라는 도서를 접하게 되면서 저는 감각적인 6명의 학생들과 미적, 감각(微積, 感覺) 동아리를 결성하면서 그 도전을 시작하였습니다.

미적분 선생님과 감각적인 문·이과 학생들이 모인 동아리인 '미적, 감각'의 취지는 서로 다른 꿈을 가졌지만 '수학'이라는 단어로 하나가 되고자 하는 것이었습니다. 각자의 꿈을 나누고, 글도 쓰고, 수학에 좀 더 다른 측면으로 다가가고자 노력하였습니다. 저희 동아리 아이들은 1년 동안 학교생활을 통해 자신들이 겪은 일에서 주제를 찾고, 각자의 이야기를 엮어 1권의 책으로 만들어 가는 과정을 함께 겪었습니다.

아이들과 처음 해보는 일이라 서툴고 힘들었지만 그 과정에서 오는 또 다른 즐거움이 있어 한 권의 책을 만들 수 있었던 것 같습니다.

2018년 미적, 감각 동아리 활동의 소중한 1년을 6명 모두 마음속 깊이 간직할 수 있기를 바라며 미적, 감각 동아리 학생들의 꿈과 희망을 담은 소중한 이야기에 귀 기울여 주시길 부탁드립니다.

1년 동안 많은 도움을 주신 이현고등학교 선생님들께 깊은 감사의 말씀 드립니다.

– 박준석

차 례

- NAME: 유재혁
- NICKNAME: 너재혁
- HOBBY: 수학문제 풀기
- DREAM: 수학교사

"수학은 인종이나 지리적 경계도 모르기에, 수학의 문화를 지닌 세계는 모두 한 나라다." by. 힐베르트

- NAME: 김태경
- NICKNAME: 경태 회장님
- HOBBY: 일러스트 그리기
- DREAM: 의류학과 지망생

"겉모습이란 속임수이다." by. 플라톤

- NAME: 김세은
- NICKNAME: 세실버
- HOBBY: 드라마 보기
- DREAM: 광고디자이너

"사람들이 알아내지 못한 것은 해답이 아니라 문제이다." by. 힐베르트

- NAME: 한재윤
- NICKNAME: 댄싱머신
- HOBBY: 티켓팅, 디자인
- DREAM: 건축가

"습관은 제1의 천성을 파괴하는 제2의 천성이다." by. 블레즈 파스칼

- NAME: 류현서
- NICKNAME: 현꺼, 잠만보
- HOBBY: 글쓰기, 잠자기
- DREAM: 사회부 기자

"진정 진리를 추구하려면 가능한 모든 것에 대해서 의심을 품어야 한다." by. 블레즈 파스칼

- · NAME: 이다희
- · NICKNAME: 체리공주
- · HOBBY: 로코 보기
- · DREAM: 공간 디자이너

"조화야말로 참된 미덕이다." by. 피타고라스

- · NAME: 박준석 T
- · NICKNAME: 준석쓰
- · HOBBY: 캘리그라피
- · DREAM: ^^

"수학은 구체적으로 무언가를 하는 데 도움이 된다기보다는 사물을 보다 체계적으로 파악하기 위한 훈련이라고 생각해." by. 상실의 시대

"드림캐쳐-수학과 함께 비상"
미적, 감각(微積, 感覺) 드디어 도서 출판!

    2019년 2월 8일, 수학 책 쓰기 "미적, 감각(微積, 感覺)"이 일 년간의 대장정을 끝내고 "드림캐쳐-수학과 함께 비상"이라는 제목으로 책을 출판하게 된다.

    미적, 감각(微積, 感覺)이라는 동아리명은 **"미적분 선생님과 감각 있는 학생들의 모임"**이라는 뜻으로, 각기 다른 꿈과 재능을 가진 이현고 등학교의 문과, 이과 학생들과 선생님이 자발적으로 만들어낸 수학 책 쓰기 동아리이다.

    미적, 감각(微積, 感覺) 학생들은 책 제목인 "드림캐쳐-수학과 함께 비상"의 의미에 대한 물음에 눈을 반짝이며 너나할 것 없이 설명하기 시작했다. "dream catcher"를 직역하면 "꿈을 쫓는 사람"이라는 뜻이다. 꿈이 꼭 직업일 필요가 있는가? 말 그대로 각기 다른 다양한 장래희망, 흥미, 적성을 가지고 있는 친구들이 수학과 함께 소설, 잡지, 수필, 신문 잡지 등의 형태로 자신의 "꿈"을 쫓아가는 과정 자체를 담은 책이다.
    이 책을 쓴 저자들도, 그리고 읽는 독자들도 함께 성장할 수 있다는 점에 의미가 있는 유익한 책이 될 것이라고 예상된다.

- 류현서 기자

일상 속 숨겨진

황금비를 찾아서

디렉터
이다희, 김태경

◈ 조형의 미, 황금비

[황금비] 인간이 인식하기에 가장 균형적이고 이상적으로 보이는 비율

아리스토텔레스가 정오각형 모양의 별에서 발견한 것이 시초가 되어 유클리드가 '한 선분을 전체 선분과 긴 선분의 비가 긴 선분과 짧은 선분의 비와 같도록 나누는 것'으로 정의하였다. 예를 들어, 전체 선분의 길이를 a, 긴 선분의 길이를 b, 짧은 선분의 길이를 c라고 하면 a : b = b : c가 성립한다. 이를 그림으로 살펴보자.

① 황금비의 정의를 이용하면,

[a : b = b : c]라는

비례식이 나온다.

② c = 1 이라고 가정해보자.

a = b + 1 이므로

$$b + 1 : b = b : 1$$

내항의 곱 = 외항의 곱

$$b^2 = b + 1$$

$$b^2 - b - 1 = 0$$

$$\therefore b = \frac{1 + \sqrt{5}}{2} = 1.618033 \cdots$$

③ 따라서 황금비는 1 : 1.618로 나타낼수 있다.

일반적으로 다음 사진에서처럼 구해진 긴 선분의 분할에 대한 비 1.618033989…에서 소수 셋째 자리까지만 나타낸 1.618을 황금비로 활용한다. 황금비를 활용한 가장 대표적인 예로 두 변의 비가 황금비를 이루는 직사각형을 가장 모양이 좋은 직사각형으로 평가한다. 이런 황금비는 여러 곳에 적용된다. 흔히 언급되는 파르테논 신전 이외에도 미술작품, 기업의 로고, 명함이나 신용카드와 같은 일상용품 등이 그 예시이다.

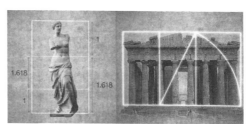

• 황금비 적용사례

1) 애플 로고

아마 21세기의 정보사회를 살고 있는 사람 중 혁신적인 IT기업, 애플을 모르는 사람은 없을 것이다. 애플이라는 기업을 아는 사람 중에 사과모양 로고를 모르는 사람은 더더욱 없을 것이다. 그런데 이 사과모양의 로고가 애플이라는 기업을 사람들에게 각인시킨 데에는 황금비가 한몫했다는 것을 알고 있는가?

사실 이 로고를 디자인했을 당시에는 컴퓨터를 이용해 디자인을 하는 경우가 드물었기 때문에 산업디자이너 롭 제노프가 손으로 직접 그린 것이라고 한다. 로고가 그려지는 과정에서 의도적으로 황금비가 사용되지는 않았지만, 시각적으로 균형감과 편안함을 주는 로고디자인이 황금비와 긴밀하게 연결되어 큰 영향을 미쳤다는 것을 알 수 있다. 이것은 수학적인 발견이 시각디자인에 영향을 준 대표적인 사례라고 할 수 있다. 언젠가 나만의 로고를 만들어야 할 때가 온다면 숨겨진 비밀무기, 황금비를 적용해보는 것은 어떨까?

2) 고대 예술 작품

아무리 미술작품과 건축물에 관심이 없다 할지라도 밀로의 비너스 상과 그리스 아테네에 위치한 파르테논 신전, 그리고 레오나르도 다 빈치의 모나리자를 모르거나 단 한 번도 접해본 적 없는 사람은 찾기 어려울 것이다. 지금 내 옆에 있는 사람에게 물어보자. 비너스 상, 파르테논 신전, 모나리자를 떠올려보면 무엇이 생각나느냐고.

만약 황금비라는 대답을 들었다면, 그 사람은 미적 감수성이 풍부한 것이 틀림없다.

이 세 작품에 황금비가 적용된 이유와 배경이 정확하게 남아 있지는 않다. 그러나 내가 앞서 언급한 것 외의 작품에서도 황금비율을 찾아낼 수 있는 것은 인간의 본능이 과거부터 현재까지도 발현되고 있기 때문이라고 생각한다. 즉, 미에 대한 사람들의 끊임없는 추구와 욕망이 오랜

시간을 거치면서 '황금비'라는 단순한 수치로 표현되었으며, 예술가들은 수학이라는 도구를 활용하여 수학이 결코 고립되지 않고 늘 우리 삶 가까이에 있음을 증명한 것이다.

이런 작품에서 발견되는 안정감은 아름다움, 미(美)의 또 다른 표현이 아닐까?

내 꿈은 실내디자이너이다.

수학과 나의 진로를 관련시켜 글을 써보면 좋을 것 같다는 생각이 들어서 어떤 주제를 선정할지 고민하다가 가장 먼저 떠오른 것이 황금비였다. 디자인 요소에서 중요한 것 중 하나인 비율에 대해서 다루어보면 나에게 좋은 기회가 될 거라 생각했다.

황금비가 정확하게 어떤 의미를 가지고 있는지를 알 수 있었고, 관련 사례를 찾아보니 사회에서 실재하는 모든 것들은 이론적인 지식을 바탕으로 하지만 이론과 현실이 완전히 일치하는 경우는 존재하지 않으며 이런 것들을 고려해 볼 필요가 있다는 것을 깨닫게 되었다!

GOLDEN RATIO

◈ 옷 속에 숨겨진 황금비

• 인체비율과 옷에서의 황금비 적용하기

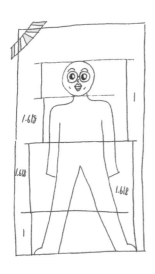

우리의 몸, 인체에서는 많은 황금비율을 발견할 수 있다. 옆의 그림과 같이 우리의 몸에서도 발견될 수 있고, 귀나 손, 손마디에서도 황금비가 확인된다.

그렇다면 인체 위에 입게 되는 옷에는 황금비가 활용되지 않을까?
그 대답은 YES!

실제로 우리가 일상생활에서 입고 있는 옷에서는 황금비를 활용하여 디자인하거나 코디되는 경우가 많다!
이렇게 황금비를 이용할 경우 우리의 몸이 안정적이고 균형 잡혀 보인다.
이때 이상적인 비율로는 옆의 그림과 같이 3:5, 5:8 등이 있다.

그렇다면, 왜 3:5, 5:8의 비율이 황금비라는 걸까?

그것은 피보나치수열이라는 수학적 원리와 관련이 있다. 이 피보나치 수열은 점점 황금비와 가까워지는 수이기도 하다. 이렇게 말해도 이게 뭔지 안 와 닿을 거다. 수열이라는 것을 학교 수업시간에 배웠지만 피보나치수열은 안 배웠으니 생소할 수밖에 없다.

자세히 까진 아니더라도 간단하게 그림과 함께 피보나치를 이해하고 넘어가 보자! 그러면 숨겨진 황금비율의 원리를 알게 될 것이다.

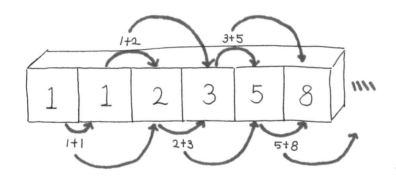

[피보나치 수열]

- 피보나치 수는 0과 1로 시작하며, 다음 피보나치 수는 바로 앞 두 피보나치 수의 합이다.
- 이런 후에 뒤의 수를 앞의 수로 나누고 그 수들을 나열한다면 그 수는 황금비율 1.6180339…로 수렴한다.

그럼 좀 더 자세한 그림으로 알아보면?

황금비율에서 시작한 피보나치 수열

뒷수를 앞수로 나눠보면   그수가
1.618에   근접해 간다.

1 . 1 . 2 . 3 . 5 . 8 . 13 . 21 . 34 . 55 , 89 . 114 . 233 ⋯

$1/1 = 1$

$2/1 = 2$

$3/2 = 1.5$

$5/3 = 1.6666⋯$

$8/5 = 1.6$

$13/8 = 1.625$

⋮

$89/55 = 1.6181818⋯$

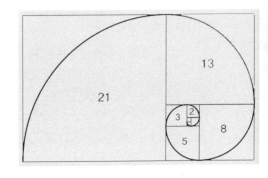

$Phi = 1.618033988⋯$

황금비와 피보나치 수열의
연관성도 알아 봤겠다.
이제 진짜 이것이 적용되는
예시를   살펴 보면서
우리가 옷을 입을 때 이
황금비율을   어떻게 활용
할지   생각해 보자

• 황금비율을 이용한 옷 입기

자신의 장점을 살린 옷 입기는 누구나 원할 것이다.

상체가 좀 더 길어 보이게 하고 싶거나 좀 더 짧게 보이게 하고 싶거나, 아니면 하체를 좀 더 길어 보이게 하고 싶거나 등등, 우리의 몸이 갑자기 길어지거나 자신이 원하는 대로 막 바뀌지 않으니 그 위에 입는 옷으로 자신이 원하는 모습을 그려 놓는다.

그 방법에는 여러 가지가 있다.

1) 아이템을 사용한 황금비율 표현하기

- 벨트와 허리끈을 사용해 보기!

2) 색의 대비를 활용한 옷 입기

- 서로 보색관계인 아이템을 활용하자!

■ 글을 마치며...

　먼저 자료조사부터 전체적인 구성까지 내가 직접 해서 글 한 편을 완성했다는 것에 뿌듯하다.

　처음 이 주제를 잡고 글을 쓸 때, 관심 있었던 분야에 대해서 글을 쓰는 것이라 금방 쓰겠지 했었는데 정말 안일한 생각이었다. 생각보다 자료 찾기도 힘들었고, 그것을 정리해서 가독성 있게 쓰는 것이 힘들어서, 글 쓰는 방법이 적힌 책을 참고하기도 했다.

　시간적인 면에서도 부족했었던 것 같다. 시간이 있을 때 안 하다가 수행평가, 시험에 휩쓸리고 말았었다. 좀 더 성실할 필요가 있었는데, 앞으론 이러지 말아야지 하고 생각했다.

　그날 할 것은 그날에 끝내도록 노력하자!

　이번 글을 쓰면서 깨달은 것이다.

　글쓰기를 하면서 그거에 맞게 그림을 그려서 구성해 봤는데 그거 하면서 뭔가 그림을 구성하는 능력이 레벨 업 한 기분이다.

　이 동아리 활동을 하면서 전체적으로 나 자신이 성장한 기분이다.

　후회가 많이 남는 글쓰기이면서도 알찬 동아리 시간을 보낸 것 같다. 얼른 완성된 책을 보고 싶다.

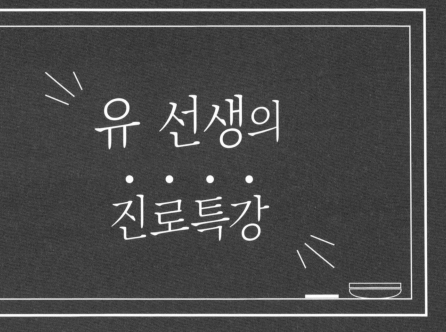

유 선생의
진로특강

초청강사 유재혁

◈ 첫 번째 이야기: 수학교사

진로특강, 그 첫 번째 이야기는 바로 '수학교사'에 관한 이야기이다.

학교생활을 하며 우리는 많은 선생님들을 만나게 되고, 모두들 각자 좋아하는 과목의 선생님이 있기 마련이다.

물론 그중에서도 나는 '수학'이라는 아주 흥미롭고 재미있는 과목을 좋아하며, 그렇기에 수학선생님들에 대해 많은 관심이 있다.

이번 챕터에서는 우리에게 익숙한 존재이기도 하며, 한편으로는 잘 알지 못하는 '수학교사'에 대해 알아보자.

- 우리가 생각하는 '교사'란?

"자, 자리에 앉자. 다들 책 펴고 이번 시간에는…"

'국·공·사립 중등학교에서 교육과정에 따라 학생들을 가르치고 생활을 지도하는 업무를 수행한다.'

대개 사람들이 생각하는 교사 역할은 학생들에게 자신이 전공한 과목에 대한 학문적인 지식을 가르쳐 주는 지식 전달자이다. 하지만 교사를 단순히 지식을 전달하는 사람이라고 단정 지어서는 안 되며, 이러한 지식 전달은 학원 강사들이 담당하는 일이다. 학원 강사와 교사는 엄연히 다른 직업이고, 우리는 이 사실을 깨달아야 한다.

• 선생님의 중요성을 잊지 말라!

"화장 그만. 교복 단정히 입고."

교사는 지식 전달뿐만 아니라 사람들의 인생에서 가장 중요한 시기 중 하나인 청소년기를 지도하는 담당자이며, 새로운 길에 익숙하지 않은 학생들의 길잡이 역할을 한다. 우리 이현고등학교의 선생님들과 마찬가지로, 지금 이 책을 읽고 있는 독자들이 다녔던, 혹은 현재 다니고 있는 학교에 있는 많은 선생님들을 보면 수업뿐만 아니라 교내 생활지도, 진로진학상담 등 다양한 역할을 수행하고 있는 것을 알 수 있다. (속으로 항상 선생님들은 대단하다고 생각하고 있다.)

나의 담임선생님을 예로 들어보자면, 나의 담임선생님이신 변수영 선생님께서는 수학선생님이시다. 수학 시간마다 열심히 수업해주시는 것은 물론이고 아침 조례, 오후 종례마다 학생들에게 학교 행사 및 소식들을 전달해주신다. 시험기간에는 우리 반 아이들에게 공부 좀 하라며 응원의 잔소리를 해주시기도 한다. 학교에 다녀본 학생들이라면, 누구나 마찬가지로 이러한 상황을 한 번쯤은 겪어본 적이 있을 것이다. 바로 이러한 행동들이 교사들의 역할이며, 교사는 가르침만이 아니라 학생들을 지도하고 관리하는 역할을 맡는다는 것을 알 수 있다.

본론으로 들어가자면, 다양한 종류의 교사 중 이번 챕터에서는 '수학교사'에 대해 이야기할 것이다. 글을 읽기 전, 우리가 평소에 알고 지내던 수학선생님들을 한 번 생각해 보고, 이 챕터가 끝난 뒤에 다시 생각해 보자. 과연 내가 알던 수학선생님은 어떻게 바뀌어 보일까? 개인마다 다르게 느껴지겠지만, 나는 선생님이 정말 대단하게 느껴졌다.

• 애벌레가 나비가 되기 위해서는…

"모든 일이 자기 뜻대로 되면 얼마나 좋을까."

수학교사가 되는 과정은 결코 순탄하지만은 않다. 작년까지만 해도 (고등학교 입학 후 1학년 새내기일 때) 교사가 되는 것이 그리 어려워 보이지 않았다. 아마 그래서 수학교사라는 직업을 꿈꿨을지도 모른다. 나의 머릿속에는 "교사가 되기 위해서는 '임용고시'라는 시험을 통과하기만 하면 교사가 될 수 있다"라는 정보밖에 없었던 것 같다. 지금 책을 읽는 학생들 중에도 몇몇 나와 같은 생각을 가진 사람이 있을 것이다. 그러나 임용고시는 아무나 볼 수 있는 것이 아니다. 임용고시를 치르기 위해서는 '중등교사 2급 정교사 자격증'이 필요하다. 바로 이 정교사 자격증을 취득해야만 임용고시를 치를 기회를 얻게 된다. 지금부터 이 정교사 자격증을 취득하는 방법들에 대해서 소개해보겠다.

정교사 자격증을 얻는 방법은 크게 3가지가 있다. 첫 번째로 대학교

진학 시 사범대학(수학교육과)으로 진학하여 대학을 졸업하고 졸업장과 함께 정교사 자격증을 취득하는 방법이 있다. 이는 수학교육과뿐만 아니라 다른 과목의 사범대학에도 적용되는 동일한 과정이며, 이 과정을 거쳐 정교사 자격증을 취득할 수 있다. 임용고시를 치르고 교사가 되기 위해 거치는 가장 흔한 방법이다. 그러나 세상에 아무런 노력 없이 되는 일은 없다. 대학교의 많은 학과들 중 의대와 공대 다음으로 인기가 많은 학과가 바로 사범대학이다. 인기가 많고 지원하는 사람이 매우 많기 때문에 보통 20~30:1의 경쟁률을 자랑한다. 여기서 질문, 사범대학의 학과들(국어교육과, 영어교육과, 수학교육과, 과학교육과, 사회교육과 등) 중 가장 인기가 많은 학과는 어느 학과일까? 눈치가 빠른 사람들은 질문하는 의도가 무엇인지 벌써 알아차렸을 텐데, 바로 수학교육과가 가장 인기가 많다. 나도 이 많은 과 중 왜 하필 수학교육과가 가장 인기가 많은지 아직도 의문이 든다. 어찌 됐든 이처럼 높은 경쟁률을 자랑하는 사범대학들이기 때문에 입학하는 것 자체가 피 튀기는 전쟁의 연속이다. 내가 처음 내신등급을 받고 대학별 수시등급을 확인했을 때 가히 '넘사벽'이라 불리는 등급을 보고 풀이 죽었던 기억이 난다.

이런 살벌한 전쟁에 참여할 엄두가 나지 않는 사람들(나를 포함한 사람들)을 위한 두 번째 방법이 있다. 바로 자연과학대학의 수학과에 진학하는 것이다. 그럼 수학교육과처럼 똑같이 졸업만 하면 정교사 자격증을 취득할 수 있는 것일까? 수학교육과에 진학하는 방법과는 조금 다르다. 대학교에는 대학별로 각각 '교직이수'라는 제도가 있다. 사범대학을 진학하지 않았지만 일반 자연과학대학을 진학한 학생들 중 정교사 자격증을 취득하고 싶은 사람들을 위한 제도라고 보면 되는데, 자신이 선택한 과에서 수강해야 하는 수업뿐만 아니라 교직이수를 위해 준비된 또 다른 교수님들의 수업을 듣는 것이다. 교직이수를 위한 수업을 모두 마쳤다면 졸업 시에 정교사 자격증이 주어지는 것이다. 지금 소개하는 3가지 방법 중 바로 이 방법으로 나는 정교사 자격증을 얻고 임용고시를 치를 예정이다. 첫 번째 방법보다 좋은 점 중 가장 큰 영향을 미치는 것은 바로 내신등급의 차이이다. 수학교육과를 직접 진학하는 것보다 내신등급에 대한 부담이 훨씬 줄어들기 때문에 학생들 사이에서 선호하는 방법이기도 하다. 또한 수학과를 진학하게 되면 수학교사뿐만 아니라 다른 분야로 나아갈 기회를 더 많이 얻을 수 있다는 장점도 있다. 보다 폭넓은 것들을 배우면서 다양한 분야로 진출할 수 있는 가능성도 열어두는 것이기 때문에 이러한 것들이 수학과 진학에서의 장점이라고 말할 수 있다.

마지막 방법으로는 대학원에 진학한 후 정교사 자격증을 취득하는 것이다. 대학교에서 졸업장과 함께 정교사 자격증을 취득하는 것이 아니라 대학 졸업 이후 대학마다 따로 마련된 대학원을 진학하여 약 2년 동안 대학원에서 요구하는 수업이수를 마치면 정교사 자격증이 주어진다. 정교사 자격증이 주어짐에 따라서 임용고시를 치를 수 있는 자격 또한 얻게 되는 것이다. 대학진학 시에 교사를 꿈꾸지 않던 학생들이 대학교에 다니면서 교사라는 꿈이 생길 수 있기 때문에, 이러한 학생들을 위한 방법이라고 볼 수 있고 대학교에서 보다 다양한 것들을 배우고 싶어 교육학과가 아닌 다른 과에 진학한 후에 대학원에 입학해 수업이

수를 하는 학생들이 행하는 방법이기도 하다.

이처럼 수학교사가 되기 위해 거쳐야 하는 과정은 매우 다양하기 때문에 충분한 고려의 시간이 필요하다. 내 생각으로는, 자신이 선택하고 싶은 길이 어떤 길인지 지금부터라도 한 번쯤은 생각해보는 것도 나쁘지 않을 것 같다. 무작정 "나는 대학교 먼저 입학하고 그 후의 일은 나중에 생각할 거야"라는 마인드를 가지고 미루는 것보다 대학에 진학하기 전 고등학교 시절에 자신이 어떤 길을 선택할지 생각하고 고려하는 시간을 갖는 것만으로도 충분하다고 생각한다. 그렇기 때문에 이 책을 읽는 독자들은 자신이 갈 길에 대해 꼭 미리 한 번 생각해보면 좋겠다는 마음이 든다.

• 고생 끝에 낙이 온다

"실패는 성공의 어머니." by. 에디슨

중등교사 2급 정교사 자격증을 취득했다면, 이제 임용고시라는 산이 남아있다. 임용고시, 그리 호락호락하지 않을 것이다. 오죽하면 사람들이 "임용고시 합격하려면 대학 졸업하고 최소 2~3년은 더 공부해야지", "누구는 임용고시를 5년 넘게 준비하다가 결국 포기하고 다른 회사에 취직했나 봐"라는 말들을 할까. 그만큼 임용고시에 합격하기 힘들다는 이야기이다. 2018년 임용고시 지원인원은 약 1만5000명, 선발예정인원은 약 1,800명으로 대략 8:1의 경쟁률을 보였다. 대학입시에 선발된 학생들도 대단하게 생각하는데, 이 대단한 학생들 사이에서 더 대단해져야만 임용고시에 합격할 수 있으니 얼마나 힘든 일인지 알 수 있다. 그렇지만 항상 열심히 노력하고 자신의 원하는 목표에 도달하기 위해 끝까지 포기하지 않고 나아간다면 반드시 그 꿈은 이루어질 수 있다고 생각한다. 1만5000명의 인원은 단지 숫자에 불과하다. 꿈을 이루고 싶은 마음과 꿈을 이루기 위해 누구보다도 열심히 노력하고 포기하지 않는 자세를 지닌다면 우리 모두 성공할 수 있다. 물론 한 번의 시험으로 합격을 장담하기는 어렵다. 그러나 "실패는 성공의 어머니"라는 말이 있듯이, 우리 모두 열심히 노력하며 포기하지 않는다면 자신이 원하는 꿈은 반드시 이루어진다. 모두가 열심히 노력하기를 바라며, 첫 번째 챕터를 마치겠다.

■ 첫 번째 글을 마치며...

첫 번째 이야기, 수학교사에 대한 이야기였다. 이 첫 번째 챕터를 준비하면서 다양한 기분이 들었던 것 같다. 수학과 관련된 나만의 이야기를 직접 글로 써보는 것도 처음이고, 내가 쓴 글이 직접 책으로 출판되는 것도 처음이었기 때문에 신기하기도 했고 한편으로는 '잘할 수 있을까?'라는 생각이 들기도 했다. 이번 챕터는 내가 희망하는 진로에 관련된 내용이었기 때문에 많은 노력을 기울였던 것 같다. 나와 같은 진로를 희망하는 학생들에게 조금이라도 도움이 되면 좋겠다는 마음으로 글을 썼다.

물론 수학교사라는 직업에 대한 모든 정보가 이 글에 들어있는 것은 아니다. '수학교사'라는 직업이 되기 위해서는 어떠한 방향으로 나아갈지 알려주는, 길잡이의 역할을 하고 싶었다. 고등학교 1학년 동안 수학교사라는 직업을 꿈꾸면서, 많은 우여곡절을 겪었다. 처음 고등학교에 입학할 때 나는 '반드시 수학교사가 될 거야!'라는 마음이었다. 이런 마음을 가지고 선생님들과 상담을 하고 진로상담도 받았는데, 여기서 혼란스러웠던 것은 정작 선생님들이 교사라는 직업을 그리 추천하지 않았다는 것이다. 다른 직업들보다 경쟁률도 심하고, 대학교에 입학해서도 4년 내내 열심히 공부해야 하고, 이렇게 공부해도 임용고시에 합격할지는 아무도 모르는 일이며, 임용고시를 몇 년을 준비하게 될지도 모른다는 여러 가지 이유들을 말씀하시며 다른 직업을 권하시기도 했다. 그러면서 덧붙이는 말들이 "그래도 수학교사라는 직업이 너무 하고 싶으면 해도 괜찮아"라는 말이었다. 이때부터 나는 혼란스러워졌고, 진로 선생님께서는 수학과 관련된 다른 직업들이 많이 있으니 다른 직업들도 알아보는 것이 어떻겠냐고 말씀하시기도 했다. 이런 말들을 듣고 나는 '내가 수학과 관련된 직업을 수학교사밖에 알지 못해서 내가 수학교사라는 직업을 희망하나?'라는 의구심도 들었다. 그렇게 수학과 관련된 직업들을 찾아보았지만, 그 어떤 직업도 나에게 와 닿지 않았다. 이런 상태로 2학년으로 올라오게 되었고, 여전히 나의 희망직업은 오리무중이었다.

그러던 중 내가 수학교사가 되어야겠다고 다시 다짐한 계기는 바로 미적분I 수행평가였다. 바로 '수업시연' 수행평가였다. 수업을 준비하는 과정에서는 별다른 생각이 들지 않았다. 그러나 나만의 수업을 준비하고 1교시 동안 선생님처럼 내가 수업을 하였는데, 수업을 하면서 정말 재미있었다. 내가 준비한 내용을 친구들이 귀 기울여 들어주는 것도 좋았고, 질문에 대한 대답도 적극적으로 해주는 것도 좋았다. 이런 과정에서 수업을 준비한 보람을 느낄 수 있었는데, 아마 이런 보람 때문에 선생님을 하는 것이 아닐까 하는 생각이 들기도 했다. 1교시 동안의 수업을 마친 후 선생님께 피드백을 받으면서 칭찬도 받고 부족했던 점도 알려주셨는데, 수업을 마치고 내가 담임선생님께 했던 말이 "진짜 선생님은 아무나 하는 것이 아닌 것 같아요. 어떻게 하루에 4~5시간씩 1주일 동안 수업을 하세요?"였다. 진심에서 우러나온 말이었고, 정말로 대단하다는 말을 몇 번이고 했다. 다시 되돌아보니 수업을 하면서 정말 재미있고 신나게 수업했던 것 같다.

  교사라는 직업이 나에게 제격인 것 같다는 생각도 스스로 하면서, 훌륭한 수학교사가 되어서 나중에 아이들이 수학이라는 과목을 지루하고 재미없는 과목이라고 생각하지 않고 적어도 재미없는 과목이 되지는 않도록 하는 수학교사가 되고 싶었다. 이렇게 수학교사라는 직업의 꿈을 다시 갖게 되었다. 내 이야기를 하다 보니 글이 길어졌지만, 내가 말하고자 하는 바는 수학교사라는 직업을 희망하는 학생들이 나처럼 길을 잃고 방황하지 말았으면 좋겠다는 것이다. 이 글을 읽고 수학교사라는 직업이 되기 위해 나아가야 하는 길이 무엇인지 정확히 알게 되었으면 좋겠다. 주변의 이야기는 신경 쓰지 말고 자신이 진정으로 바라는 직업에 대한 뚜렷한 목표의식을 가지고 그 직업을 이루기 위해 노력한다면 그 직업이 무엇이든 간에 모두 이룰 수 있다는 말을 전하며, 첫 번째 챕터를 마무리한다.

◈ 두 번째 이야기: 빅 데이터 전문가

- 데이터 of 데이터, 빅 데이터

"빅데이터, 도대체 그게 뭐야?"

오늘날 정보통신 사회에서 가장 이슈가 되고 있는 빅 데이터, 빅 데이터란 기존 데이터보다 너무 방대하여 기존의 방법이나 도구로 수집, 저장, 분석 등이 어려운 정형 및 비정형 데이터들을 의미한다. 인구가 증가하고 정보통신의 발달로 인해 사람들의 스마트폰, 인터넷 사용과 함께 정보통신의 이용은 날이 갈수록 증가해왔다. 그러면서 전 세계 사람들이 사용하는 데이터의 양 또한 증가하고 있다. 이전부터 쌓여있던 대용량의 데이터들을 기존의 데이터로는 더 이상 감당할 수 없게 되어서, 이를 처리하기 위해 '빅 데이터'라는 새로운 개념이 등장하게 된 것이다.

- 빅 데이터, 너는 누구니?

"빅 데이터 전문가, 4차 산업혁명 시대의 발판."

어느 정도인지 상상이 가지 않을 여러분을 위해서 준비했다. 아래 사진은 1분 동안 사람들이 이용하는 데이터의 양을 표로 정리해 놓은 것이다. 1분 동안 구글(Google)에서는 200만 건의 검색, 유튜브(Youtube)에서는 72시간의 비디오, 트위터(Twitter)에서는 27만 건의 트윗이 생성된다. 즉, 유튜브에서는 1시간에 약 4,320시간의 비디오가 재생되고 처리된다는 말이다. 아마 사람이 이 데이터를 처리한다고 하면 눈이 빠지도록 고생해도 힘들 것이다. 이제 조금 실감이 가는가?

1분 동안 사용되는 데이터의 양

이처럼 4차 산업혁명 시대와 정보통신 기술이 발달한 사회에서 빅 데이터는 우리에게 없어서는 안 될 존재이다. 그럼 이 빅 데이터는 기계만이 담당하는 것일까? 정답은 '아니요'이다. 인간이 직접 빅 데이터의 역할을 할 수는 없지만, 이 빅 데이터를 가장 잘 알고 분석하는 '빅 데이터 전문가'가 있다. 빅 데이터 전문가는 사람들의 행동 패턴 또는 시장의 경제상황 등을 예측하여 데이터 속에 함축된 트렌드 등을 도출하고 이로부터 새로운 부가가치를 창출하기 위해 빅 데이터를 관리하고 분석하는 일을 한다. 현재 정보통신 사회에서 끊임없이 다양한 데이터들이 쏟아져 나오고 있기 때문에 이 빅 데이터들을 분석하고 반영하기 위해서 빅 데이터 전문가는 우리 사회에 반드시 필요한 존재이다. 우리 사회에 아주 중요한 역할을 하는 빅 데이터 전문가, 이 직업에 대해 더 자세히 알아보도록 하자.

• 빅 데이터의 속을 파헤쳐보다

"3V: Volume, Velocity, Variety."

먼저 빅 데이터 전문가에 대해 자세히 알려면 빅 데이터의 특징과 빅 데이터 플랫폼에 대해 알아야 한다. 빅 데이터의 특징은 '3V'를 통해 알 수 있다. 3V란 Volume(크기), Velocity(속도), Variety(다양성)를 말한다. 일반적으로 수십 테라바이트(Tb) 혹은 수십 페타바이트(Pb) 이상 규모의 데이터 속성이 빅 데이터의 크기를 의미한다. 또한 빅 데이터는 대용량의 데이터를 빠르게 처리하고 분석할 수 있는 속도를 가지고 있다. 복합적인 환경에서 디지털 데이터는 매우 빠른 속도로 생산되므로 이를 실시간으로 저장, 유통, 수집, 분석처리가 가능한 성능이다. 다양성 (Variety)은 다양한 종류의 데이터를 의미하며 정형화의 종류에 따라

정형, 반정형, 비정형 데이터로 분류할 수 있다. 이것이 바로 빅 데이터의 특징이다.

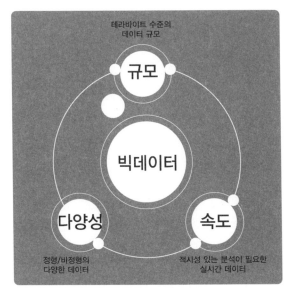

빅 데이터의 3V

빅 데이터 플랫폼이란 빅 데이터를 처리하는 공간, 즉 빅 데이터 기술의 집합체이자 이 기술을 적절히 활용하기 위한 최적의 환경을 말한다. 쉽게 말하자면 빅 데이터 플랫폼이라는 공장 안에서 기계들이 일을 하고 있다고 생각해보자. 공장에 여러 가지 빅 데이터를 처리하는 기계들이 있고, 이 기계들이 공장 안에서 자신의 역할에 맞는 최상의 환경을 갖추고 각자 맡은 일들을 수행하는 공간이라고 여기면 된다. 원석을 발굴하고 가공하여 채취하고 보관하는 것처럼, 여러 가지 빅 데이터 재료들을 찾아내고 가공하여 보관하는 일을 수행한다. 빅 데이터 플랫폼이라는 안정적이고 맞춤형 공간에서 처리된 빅 데이터는 사용자에게 전달되어 사용자가 원하는 가치를 정확히 얻을 수 있도록 도와준다. 빅 데이터 전문가는 빅 데이터 플랫폼을 이용해 빅 데이터를 처리하고 분석하는 일을 한다. 새로운 기술, 트렌드 등을 수시로 파악하여 실시간으로 빅 데이터를 수집, 저장하고 사용자를 위한 최적의 정보를 제공하기도 한다.

- 빅 데이터 전문가는 말이죠…

"우리에게 필요한 능력과 자세."

이런 빅 데이터 전문가가 되기 위해서 반드시 자연계열 학과를 진학해야 하는 것이 아니다. 자연계열 학과를 진학했다면 경영학 또는 마케팅 분야의 지식을 쌓으면 되고, 경영학과 같은 인문계열로 진학했다면 추가로 통계학 또는 컴퓨터공학을 전공하면 된다. 수학과 관련된 직업이라고 해서 반드시 자연계열로 진학해야 한다? 이는 고정관념일 뿐이다. 세상에는 우리가 생각하지 못했던 수학과 관련된 직업들이 매우 많으며, 이 많은 직업들 중 하나가 바로 빅 데이터 전문가이다.

물론 이 빅 데이터 전문가라는 직업은 수학 분야보다는 공학 분야에 좀 더 가까운 직업이기도 하다. 그럼에도 불구하고 내가 빅 데이터 전문가 같은 직업을 소개하는 이유는 단 하나다. 첫 번째 이야기에서 소개

했던 것처럼 수학교사, 수학자 등 이름만 들어도 수학과 관련되어 있다는 것을 알 수 있는 직업들도 매우 많이 존재한다. 그러나 이런 직업들보다는 우리가 잘 생각하지 못했고, 잘 생각하지 않았던 다른 분야와 융합된 수학 관련 직업들을 소개하고 싶었다. 다시 본론으로 돌아와서, 빅 데이터 전문가가 되기 위해서 필요한 능력들은 창의력, 분석적 사고, 인내와 끈기 등이 있다. 개인적인 나의 의견으로, 수학에 관심이 있고 수학을 좋아하는 학생들이라면 수학에 대한 분석능력과 창의력을 기를 수 있기 때문에 이런 학생들에게 딱 맞는 직업이라고 생각한다. 빅 데이터 전문가는 경영학, 통계학 등 다양한 분야에 적용될 수 있고 데이터의 분석과 활용을 통해 각종 사회의 문제점 또한 보완하고 해결할 수 있다. 또한 빅 데이터의 특성상 발전 가능성이 무궁무진하며 여러 방면으로 나아갈 수 있기 때문에 앞으로 빅 데이터 전문가의 전망은 매우 밝을 것으로 보인다.

다양한 활용성과 발전 가능성을 동시에 지닌 빅 데이터 전문가, 끊임없이 발전해 나가는 현재 사회에 큰 영향을 끼칠 수 있는 직업임은 틀림없다. 아마, 이 책을 읽고 있는 훌륭한 독자들에게 아주 잘 어울리는 직업이 아닐까 생각한다. 이로써 두 번째 이야기, '빅 데이터 전문가'에 대한 직업소개를 마치겠다.

■ 두 번째 글을 마치며...

두 번째 이야기로 빅 데이터 전문가라는 직업을 선택하는 과정에서 이 직업은 나에게도 다소 생소한 직업이었다. 빅 데이터라는 개념조차도 정확히 알지 못했던 나였지만, 글쓰기를 준비하고 글쓰기를 진행하는 과정 동안 새로운 정보들을 알아갈 수 있었다.

이번 두 번째 이야기, 빅 데이터 전문가에 대한 이야기를 꾸려나가면서 가장 중요하게 생각했던 점은 '이해'였다. 나에게도 마찬가지이지만 독자들에게도 생소한 직업이고 익숙하지 않은 개념들도 많이 있었기 때문에 최대한 독자들이 이해가 잘되도록, 동시에 글의 흐름에 따라 말을 자연스럽게 풀어나가기 위해 많은 노력을 기울였던 것 같다. 특별하게도, 이 챕터를 준비하면서 단지 내가 알고 있는 정보들을 설명해주는 것이 아니라 나 또한 새롭게 얻어가는 정보들이 많았다.

이번 챕터를 통해서 독자들이 빅 데이터 전문가라는 직업에 대한 새로운 정보들을 많이 알아갈 수 있었으면 좋겠고, 새로운 직업 하나를 알아간다고만 해도 성공한 것이 아닐까 싶다. 나도 많은 것들을 배우고 알게 되어서 독자들뿐만 아니라 나 역시도 많은 것들을 얻어가고 깨달을 수 있게 해준 좋은 챕터였다.

류 기자의 교육과정 연구소

류현서 기자

◈ 연구소 설립목적

바야흐로 때는 2018년… 학교생활을 하면서 여느 때와 같이 수학과 사투를 벌이던 류 기자는 수학을 놓아 버릴 뻔… 하다 "적을 알아야 적을 이길 수 있다!"는 걸 느꼈다. 그래서 '수학'이란 과목이 우리에게 끼치는 영향을 분석해서 연구함으로써 수학을 정복하고자 뚝딱뚝딱 세우게 되었다.

"류 기자의 수학연구소" 그중 "교육과정 연구소" 지금 시작합니다.

◈ 연구 주제

- 기하와 벡터 수능에서 빠지나?
  - 기하와 벡터의 향후 방향성 연구

"뭐? '기하와 벡터' 수능에서 빠진다고?"

2018년, 그 어느 때보다도 대한민국은 교육열과 학구열에 불타고 있는 모습이다. 이때 교육부의 움직임에 귀추가 주목되고 있다. 교육부는 지난 2018년 2월 27일 2021년 수능 출제 범위를 발표하였는데, 이때 수학의 출제 범위 변동이 화두로 올랐다.

교육부는 수학 가형의 출제범위를 "수학1, 미적분, 확률과 통계"로 설정하여 기존에 존재했던 "기하와 벡터" 과목을 제외했다. 그 결과 기하 과목은 진로 선택과목으로 이동하게 되었다.

덧붙여,
▶ 기하를 출제하는 것은 2015년 개정 교육과정의 원활한 운영과 수험생 부담 완화라는 측면에서 적절하지 않음.
▶ 기하를 모든 이공계의 필수과목으로 보기는 곤란함.
▶ 설문조사에서 '기하 출제 제외'에 대한 의견이 다수였음.

이렇게 크게 3가지 이유로 기하제외에 대한 이유를 밝혔다. 그렇게 기하는 지난 6월 교육부가 내놓은 '2022학년도 수능과목 개편안'에 빠졌으나, 수학과 과학계의 반발로 결국 되살아나게 된 것이 현재의 실정이다.

이에 대한 학생, 교육계, 수학계의 의견이 다양하게 제시되고 있다. 우리는 이러한 교육부의 결정을 어떻게 바라보아야 할까?

◈ 연구 과정

"그렇다면, 기하와 벡터는 어떤 과목인데?"

기하와 벡터를 논하기 이전, 우리는 기하와 벡터가 어떤 과목인지부터 알 필요가 있다.

기하는 고등학교 교육과정 속 도형과 좌표를 이용해 공간에 대한 개념과 이해를 다루는 유일한 과목으로, 공간적 상상력을 배울 수 있는 과목이다, 또한 기하는 자연과학, 공학, 의학뿐만 아니라 경제와 경영학을 포함한 사회과학 분야를 전공하는데 기초가 된다. 즉, 공간적 개념과 논리적 사고 체계를 토대로 창의적 지식 생산 역량을 갖춘 융합 인재로 성장할 수 있는 기반을 제공하는 학문이라는 면에서 중요한 기능을 수행한다.

이러한 면에서 기하와 벡터는 여러 가지 종합적 사고력을 키우는 데 있어서 반드시 필요하다고 할 수 있다. 또한 이공계에 필요한 기초지식으로 좋은 인재를 키우고 국가 경쟁력을 높이는 핵심적 내용이다.

수학계 & 과학계

• "세계 흐름과 역행하는 우리나라 수능 수학 경쟁력"

대한수학회는 현 교육과정에서 크게 기하와 벡터가 수행하는 기능과 긍정적인 영향력, 미래 4차 산업혁명과 관련 기술과 함께 기하와 벡터가 지니는 의의, 기하 과목을 제외함으로써 발생할 이공계 대학 교육과정의 차질 등을 근거로 들어 기하 과목을 2021학년도 수능 출제 범위에 반드시 포함할 것을 교육부에 강력히 요청하였다.

1) 4차 산업혁명 속의 기하와 벡터가 수행하는 기능

기하는 4차 산업혁명이라는 시대적이고 과학적인 흐름에 힘입어 더욱 중요해지고 있는 과목이다. 예를 들어 인공지능과 같은 4차 산업혁명의 핵심 기술들은 행렬과 통계. 그리고 기하학을 본바탕으로 한다고 한다. 캐나다에 설립된 인공지능 연구기관 명칭이 '벡터연구소'인 것 또한 기하는 데이터를 시각화할 수 있는 학문이라는 방증이라고 할 수 있다. 이처럼 기하는 4차 산업혁명 속에서 급변하는 사회 속 이 시대의 인재가 갖춰야 할 필수요소가 된 것이다.

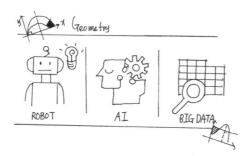

2) 이공계 대학 교육과정에 미칠 영향

기하와 벡터 개념은 수학과와 물리학과와 같은 공대 수업 이해에 매우 중요한 역할을 한다. 이에 따라 수능 출제과목에 기하와 벡터가 제외된다면 이공계 필수과목인 기하와 벡터에 대한 집중적인 학습이 이루어지지 못해 이공계 1학년 과정을 따라가기 버거울 것이라는 의견이 제시되었다. 또한 기하를 이용해 기본개념을 설명하던 이공계 교수들이 신입생들에게 기하부터 가르쳐야 하는 비효율적인 상황이 도래할 것이라는 예측이다.

또한 이러한 혼란이 계속되면, 결국엔 기하와 벡터가 다시 교육과정에서 부활하게 될 것이고 이는 잦은 교육과정의 개정으로 오히려 수험생들의 혼란만 초래할 것이라는 우려가 제기되고 있다.

◈ 현장 인터뷰

• 류 기자, 이현고 3학년 교무실을 방문하다!
 - with 기벡 티쳐, 신연정 선생님

Q1. 기하와 벡터를 가르치시는 선생님은 기하와 벡터를 어떤 과목이고, 무엇을 배울 수 있는 과목이라고 생각하시나요?

A. 기하와 벡터를 한마디로 정의하자면 **주변 현상을 단순화하고 수학화할 수 있는 과목**이라고 할 수 있어. 예를 들면 "마우스"라는 물체에서 색과 같은 부가적인 요소를 제외하고 기하적인 형태만을 따와서 곡면의 구부러짐, 구부러진 정도 등을 쉽게 분석할 수 있도록 하는 거지. 마찬가지로 벡터도 대상의 움직임을 가장 표현하기 좋은 학문이라고 할 수 있어. 벡터로 표현할 수 있는 것은 정말 많지만 그중 쉬운 예를 들자면, 이전까지 과학 시간에 화살표로 표현해 왔던 힘의 작용을 정확히 표현하는 방법이나 의미를 배울 수 있는 학문이라고 할 수 있는 거야. 이런 점에서 특히 현상과 관련된 학문을 연구하는 공대생에게 기하와 벡터는 필수적일 수밖에 없지. ㅎㅎ

Q2. 교육부는 기하와 벡터를 수능과목에서 제외한 이유 중 하나로 수험생의 부담완화를 들었습니다. 그렇다면 실제로 교육현장에서 학생들이 기하와 벡터를 배우는 데 큰 어려움이나 부담감을 느끼나요?

A. 기본적으로 공간감이 없는 학생들은 받아들이기 어려워해. **하지만 고등학교에서 배우는 기하와 벡터는 단원 자체가 기본적인 것을 배우고 가는 과목이기 때문에 또 그렇게 어렵다고 할 수도 없는 것 같아.**

그렇지만 변별을 위한 난이도 있는 문제는 굉장히 어려워하는 면은 있지. 높은 난도의 문제가 기하와 벡터로 나온다면 풀지 못하는 친구들이 매우 많거든. 특히나 (대학을 진학해서도) 기하는 3차원에 있는 것을 상상해서 생각하는 것 대신 계산으로 처리하거나 계산 결과의 값에 따른 도형을 예측을 통해 알아보는 과목이라 더욱 학생들이 어렵게 느끼지. 이런 측면들을 직관적으로 파악할 수 있는 학생들은 받아들이기 쉽지만, 그렇지 않은 학생들은 어려워하고…. **하지만 기초적인 단계에서 배우는 학생들은 쉽게 받아들일 수 있는 과목이야.** 실제 수업에서도 학생들은 중간 난이도 문제까지는 "아 그렇구나~" 하며 쉽게 쉽게 받아들이고 교과서 수준의 문제는 어렵지 않게 받아들이곤 해. 앞서 말했듯이 기하와 벡터의 기본적인 내용은 그렇게 어렵지 않기 때문에 수능을 (나)형으로 돌리려는 학생들을 제외하고는 기하와 벡터를 중간에 놓아버리는 학생들은 적은 것 같아.

Q3. 기하와 벡터를 학생들이 고등학교 과정에서 배우지 못한다면 어떤 문제가 발생할 거라고 생각하시나요?

A. 예전에 미적분이 기하와 벡터처럼 잠시 빠졌었다가 들어오게 된 적이 있어. 그때 특히 문과의 경제학과에는 미적분이 필수였는데, 미적분을 배우지 않고 들어오게 되니 대학교에서 수업을 개설하게 되었고 그제야 학생들은 미적분에 대한 공부를 시작하게 되었어. 교육부는 수험생의 부담을 이유로 기하와 벡터를 수능 필수 응시과목에서 제외하였지만 학생들의 학업 부담은 대학교로 그대로 전가되어 버린 셈이지. 그리고 결국 미적분 과목은 고등학교로 다시 돌아오게 되었지. **특히나 기하와 벡터는 공대생의 기본이라고 할 수 있으니 이와 같은 수순을 밟게 될 것이라고 생각해.**
또한 고등학교 때 기하와 벡터를 학습하는 것이 훨씬 친절한 설명과 다양한 연습을 통해서 습득할 수 있어 더욱 수월해. 대학 가서 배우면 친절하게 알려주는 사람이 없고 혼자서 공부하는 학생들은 어려움을 겪을 수 있는 상황이거든.

Q4. 교육부는 기하와 벡터를 수능 필수 응시과목에서 제외했다가 수학, 과학계의 반발로 다시 필수 응시과목으로 복귀시켰습니다. 기하와 벡터를 배우는 학생으로서 이에 대하여 어떻게 생각하시는지 종합적인 의견을 여쭙고 싶습니다.

A. 기하는 어차피 공부해야 하는 기본과목인데 왜 빼는 건지…? 선생님은 기하와 벡터가 고등학교에서 배우는 필수과목이라고 생각해. 기하와 벡터를 수능 필수과목으로 제외했다가 다시 복귀시키고 했던 결정들은 위원회 안에서의 구성이 어떤 사람으로 이루어지느냐에 따라서 문제가 있었겠지. 기하와 벡터 대한 중요성을 인식하고 있는 사람이라면 이런 결정을 처음부터 내리지 않았을 텐데. 그 사람들 안에 기하와 벡터의 이러한 중요성을 알고 있는 사람들이 적었다고 봐. 그러다가 나중에는 이 주변 여론이나 다른 것을 통해서 중요성을 뒤늦게 깨닫고 다시 바꾼 것 같아.

- 류 기자, 기하와 벡터를 배웠던 현 대학생을 만나다!
  - with 화학공학과 김채영(이하 A), 화학공학과 강석민(이하 B), 컴퓨터공학과 한재원(이하 C)

Q1. 기하와 벡터를 배웠던 학생으로서, 기하와 벡터를 어떤 과목이라고 생각하시나요? 자유롭게 의견을 말씀해주세요!

A. 기하와 벡터를 한마디로 말하자면 "사람마다 케바케"야. 공간능력이 타고난 사람은 진짜 쉬운데, 그런 능력이 없는 사람은 정말

헤매거든. 앞에는 정말 쉬워. 벡터까지는 괜찮은 것 같기도 하고 …. 하지만 뒤에 "공간" 단원이 나오면 진짜 멍멍이 소리 같아. 물리가 많이 섞여 있는 듯해.

B. 모의고사 29번.

C. 기하와 벡터는 수능에서 이과생들의 실력을 변별할 수 있는 중요한 과목 같아.

Q2. 교육부는 기하와 벡터를 수능과목에서 제외한 이유 중 하나로 수험생의 부담감을 들었는데요, 실제로 학생들이 기하와 벡터를 학습할 때 큰 어려움이나 부담감을 느끼나요?

A. 단원마다 차이가 커. 수험생 입장에서만 고려해 본다면 대학교에서 기하와 벡터를 활용하기 때문에 기벡을 제대로 배우지 못하면 공대 가면 답이 없을 것 같아. 대학 가서 기벡을 처음부터 다 알려주지 않기에 기하와 벡터를 수능 필수응시과목에서 제외하는 것은 아닌 것 같아.

B. 어, 일단 공간 단원으로 넘어가면 머리로 상상이 안 돼. 그 점이 어려워.

C. 아니? 딱히. 수험생들이 부담감을 느껴서 폐지했다는 건 이유가 안 되는 것 같은데.

Q3. 기하와 벡터를 학생들이 고등학교 과정에서 배우지 못한다면 어떠한 능력이 부족해지거나 어느 부분에서 문제가 발생할 것이라고 생각하시나요?

A. 벡터 자체를 못 배우니까 공대 교육과정을 따라갈 수 없는 것이 사실이지.

B. 공간능력 부족.

C. 딱히 없는 것 같지만 공대 생활에는 치명적일 수 있을 것 같아. 벡터와 관련된 지식은 공대에서는 필수적이거든. 기하와 벡터는 전공과목에 대한 기초를 쌓기 위해 필수 지식이니 말이야.

Q4. 교육부는 기하와 벡터를 수능 필수 응시과목에서 제외했다가 수학, 과학계의 반발로 다시 필수 응시과목으로 복귀시켰습니다. 기하와 벡터를 배우는 학생으로서 이에 대하여 어떻게 생각하시는지 종합적인 의견을 여쭙고 싶습니다.

A. 다시 수능과목으로 하는 것이 맞는다고 봐. 이공계의 기본과목인 고등학교 교육과정에서 기하와 벡터를 없애는 것 자체가 아예 말이 안 돼.

B. 어… 기하와 벡터는 필수적으로 배워야 함. 세 가지 이유를 들어보겠음. 1. 우리가 흔히 아는 원이나 정다각형 이외의 다른 도형 선분들에 대해 접근할 수 있음. 2. 벡터란 유향성분으로 우리가

흔히 말하는 방향과 거리를 표현할 수 있는 수단이 됨. 3. 공간 파트로 넘어가면 평면 좌표계에서 우리 실생활에 더 부합되는 공간 좌표계를 배움으로써 더 많은 적용이 가능해짐.

C. 당연히 수학 과학계의 반발이 있을 수밖에 없어. 이전에 수2에서 배웠던 행렬이 교육과정에서 빠지게 되었는데, 막상 공대에 진학하니 행렬에 대한 지식이 대학 전공과목에 굉장히 많이 나옴을 알게 되었어. 이뿐만 아니라 행렬에 관한 지식을 안 배우고 온 학생들에게 심화 내용을 가르쳐야 하는 교수님들의 불만 또한 상당했거든. 기하와 벡터를 배우지 않고 대학교에 간다는 것은 고등학교에 한글을 안 배우고 간 것과 같은 일이야. 그만큼 심각하지.

◈ 연구 결과

"다양한 관점이 향하는 방향."

지금까지 수학계&과학계, 기하와 벡터 선생님, 기하와 벡터를 배웠던 학생들 등의 다양한 입장으로 기하와 벡터의 수능 포함 여부를 알아보았다. 사실 각기 다른 분야마다 기하와 벡터를 바라보는 관점이 다르고 그 세부내용이 다르겠지만 직접 조사를 해보고, 실제로 인터뷰를 해본 결과 다양한 관점은 같은 방향을 향하고 있었다. 수학&과학계, 교육계, 학생들 모두 기하와 벡터는 근본적으로 사회적으로, 그리고 과학적으로 중요한 과목이며, 고등 과정에서 꼭 배워야 하는 과목이라고 생각한다는 점엔 변동이 없었다. 이러한 점에서 교육부는 각 분야의 여론을 적극 수렴해야 할 것이다. 시대에 뒤떨어진 교육부의 독단적인 결정이 계속된다면 우리나라의 교육 방식과 수학의 발전 방향은 만날 수 없는 평행선에서 벗어날 수 없을 것이다.

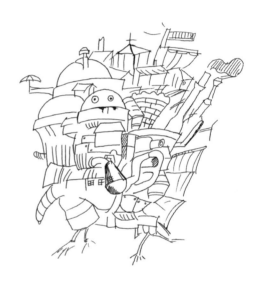

■ 글을 마치며...

으앗! 너무 힘들다. 수능에서 기하와 벡터가 필수 응시과목에서 제외된다는 1월 초의 기사를 본 것을 계기로 수능에서 기하와 벡터 과목이 제외 여부에 관한 기사 & 글쓰기를 진행하였다. 사실 평소 교과과정만 따라가기 바쁘지, 교육과정에 어떤 과목이 빠지고, 또 들어가게 되는지 생각해본 적이 없었다. 하지만 이번 기회를 통해 학생의 시각에서 주체적으로 배우는 과목들을 생각해보고, 기하와 벡터가 빠지게 될 경우 학생들의 학업적 능력과 진로에 관한 측면, 대학교육과정에 미칠 영향, 그리고 4차 산업혁명에 따른 과학적, 시대적 방향성에 대해 탐구해보게 되었다. 또한 그러한 과정을 통해 우리가 배우는 과목(기하와 벡터)에 대해 주체적으로 이 과목을 배워야 하는 이유, 우리의 삶에 미칠 영향을 사고해보게 되었다. 이런 점을 볼 때 교육과정이란 것이 단독적으로 움직일 것이 아니라 변화를 주려면 학생들의 입장 고려가 필요하다는 생각을 하게 되었고, 이러한 이야기를 친구들과 나누고 생각해보았다는 것 자체가 의미가 있었던 것 같다.

또한 학생의 시각뿐만 아니라 선생님의 시각, 과학 및 수학계의 시각들을 조사하고, 다양한 관점별로 내용을 학생들에게 글로 제안해 봄으로써 같은 문제를 마주하고 있는 학생들에게 사고의 기회를 제공했다는 점이 뿌듯하다.

－ 류현서의 교육과정 연구소

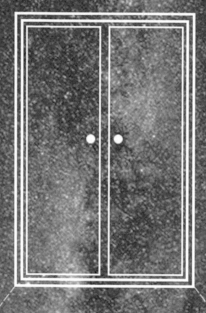

걸어서

ART 속으로

광고 기획자 및 디자이너 김세은

❖ 첫 번째 주인공: "DAY AND NIGHT"

마우리츠 코르넬리스 에셔, 〈낮과 밤〉

걸어서 ART 속으로 첫 번째 주인공은 바로 낮과 밤이라는 작품이다. 그럼 위대한 작품을 만든 화가는 대체 누구일까? 작품에 대해 알아보기 전 먼저, 작가 "마우리츠 코르넬리스 에셔"에 대해 알아볼까?

• 마우리츠 코르넬리스 에셔, 그는 대체 누구일까?

마우리츠 코르넬리스 에셔(Maurits Cornelis Escher)는 1938년 태어난

네덜란드 판화가이다. 그의 작품에는 수학적 원리가 많이 숨겨져 있는 것이 독특하다. 대표적으로 이 작품에서는 기하학적 원리와 수학적 개념을 토대로 2차원의 평면 위에 3차원 공간을 표현했다. 또한 다른 작품에서는 평면의 규칙적 분할에 의한 무한한 공간의 확장과 순한, 그리고 대립이 작품의 중심을 이루며, 모호한 시각적 환영 속에 사실과 상징, 시각과 개념 사이의 관계를 다뤘다.

- 낮과 밤에서는 어떤 수학적 원리가?

낮과 밤을 보면 일정한 새의 모양으로 그림이 채워져 있는 것을 볼 수 있다. 더 자세히 보자. 흰 새와 검은 새가 대칭을 이루며 반대쪽으로 날고 있다. 작가가 2차원적인 평면에서 3차원적인 공간을 표현하기 위해서 위와 같이 그렸는데, 이 기법을 테셀레이션(tessellation)이라고 한다.

• 테셀레이션이 대체 뭐야!!

 테셀레이션은 쪽 맞추기라고 생각하면 쉽다. 말 그대로 도형을 이용해 어떤 틈이나 겹침이 없이 평면 또는 공간을 완전히 메꾸는 미술 장르이다. 다시 말하자면 같은 모양의 조각들을 서로 겹치거나 틈이 생기지 않게 늘어놓아 평면이나 공간을 덮는 것을 테셀레이션이라고 하는데, 4를 뜻하는 그리스어 "테세레스(tesseres)"에서 유래한 용어다. 이는 정사각형을 붙여 만드는 과정에서 생겼다고 한다.

• 테셀레이션을 어디서 볼 수 있지?

테셀레이션은 우리 주위에서 쉽게 찾아볼 수 있는데 포장지, 거리의 보도블록, 욕실의 타일 바닥 모두가 테셀레이션 기법을 적용한 것이다. 그리고 알람브라 궁전, 성당 내부에 새겨진 모자이크 양식, 중국의 양탄, 일본의 옷도 모두 이 기법을 사용했다.

- 테셀레이션은 어떻게 유명해졌을까?

1992년 미국의 Robert Fathauer 박사가 테셀레이션을 전파시켰다고 말할 수 있다. 많은 사람들이 그가 수학자라고 오해하지만 그는 연구소에 근무하는 평범한 사람이었다. 하지만 그는 테셀레이션의 기법을 이용한 놀이를 좋아했고, 하루는 예술박람회에 오징어와 가오리 (Squids & Rays)라는 퍼즐을 전시했다. 퍼즐 역시 테셀레이션 기법을 그가 직접 디자인한 작품이었다. 퍼즐에 대한 사람들의 반응은 폭발적이었다. 그러다 그는 1994년 캘리포니아로 여행하던 중 한 학교 수학시간에 테셀레이션에 대해 알렸다. 따라서 수학시간에 테셀레이션이 활용되기 시작되었고, 누구나 즐길 수 있는 기법이 되었다.

- 정칙 테셀레이션? 반정칙 테셀레이션?

테셀레이션은 정칙 테셀레이션, 반정칙 테셀레이션, 준반정칙 테셀레이션, 크게 세 가지로 나눌 수 있다.

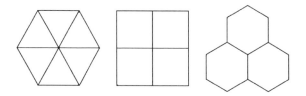

1) 정칙 테셀레이션(regular tessellation)

정칙 테셀레이션은 하나의 정다각형 도형으로만 이루어진 테셀레이션을 말한다.

2) 반정칙 테셀레이션(semiregular tessellation)

반정칙 테셀레이션은 한 꼭짓점을 중심으로 모양이 서로 다른 정다각형으로 이루어진 테셀레이션을 말하는데, 이러한 경우에는 모든 꼭짓점에서 정다각형의 배열이 같아야 한다.

3) 준반정칙 테셀레이션(demiregular tessellation)

준반정칙 테셀레이션이란 반정칙 테셀레이션을 섞어서 만들거나 더 복잡한 형태로 변형한 테세테셀레이션을 말한다. 정말 다양한 테셀레이션을 만들어 낼 수 있다.

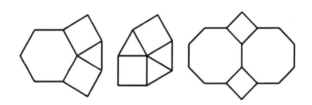

정삼각형, 정사각형, 정육각형은 어떠한 테셀레이션 기법도 가능하다. 하지만 정오각형이나 원 같은 도형은 어떠한 방법으로도 빈틈이 생기거나 내부가 겹치게 되기 때문에 테셀레이션 기법이 불가능하다.

• 비슷한 에셔의 작품은 무엇이 있을까?

〈말을 탄 남자〉 〈하늘과 물〉

걸어서 ART 속으로 첫 번째 주인공인 낮과 밤에 대해 알아보면서, 테셀레이션이라는 기법을 배웠다. 이 기법으로 우린 더 실감 나게 작품을 감상할 수 있었고, 착시현상도 느낄 수 있었다. 이로써 첫 번째 작품을 마무리하고, 두 번째 주인공을 찾아 떠나가 보자.

◈ 두 번째 주인공: "THE LAST SUPPER"

레오나르도 다 빈치, 〈최후의 만찬〉

걸어서 Art 속으로 두 번째 주인공은 레오나르도 다 빈치의 최후의 만찬이라는 작품이다. 레오나르도 다 빈치는 르네상스 시대의 이탈리아를 대표하는 천재적 화가라고 불리는데, 그가 그린 작품에는 어떤 수학적 원리가 담겨있는지 찾아 떠나보자.

• 최후의 만찬은 어떤 그림?

레오나르도 다빈치(Leonardo da Vinci)가 1495년에서 1497년에 걸쳐서 정성 들여 완성한 그림이다. 그림은 예수 그리스도가 십자가에서 죽기 전날, 열두 제자와 함께 만찬을 나누는 주제로 표현했다. 기존에 레오나르도 다 빈치가 그리던 전통적 방식을 뛰어넘어, 그의 독창성이 확연히 돋보이는 작품이다. 또한 레오나르도 다 빈치의 유명한 작품은 많지만 그중에서도 정확한 형식미, 숭고한 주제를 다루는 뛰어난 방식으로 인해 르네상스 전성기의 가장 뛰어난 성과로 평가된다. 최후의 만찬은 산타마리에 델레 그라치에 성당에 소장되어있는데, 1980년 성당과 함께 유네스코 세계문화유산으로 지정되었다.

• 그림이 어떻게 구성되어 있을까?

그림 속에 있는 3개의 창문, 4개의 무리를 이룬 12명의 제자는 각각 의미하는 바가 있다. 그리스도교의 삼위일체, 네 복음서, 그리고 새 예루살렘의 열두 문을 상징한다. 또한 작품 한가운데 위치한 예수의 몸도 삼각형을 이루고 있으며, 정확한 원근법으로 구성되어 있다. 하지만 우리는 이 그림을 봤을 때 원근법을 정확하게 볼 수 없다. 이 그림이 일상의 그림이 아니라 이상적 차원에서 존재하는 것으로 기획되었음을 의미한다.

• 원근법이 대체 뭐야?

대부분 사람들은 원근법을 미술기법 중 하나라고 생각한다. 하지만 사실은 기하학적 이론에 바탕을 둔 수학이다. 즉, 3차원의 물체가 위치하는 공간과의 관계를 2차원적인 평면에 표현하는 기법을 말한다. 최후의 만찬에서 쓰인 원근법은 다음과 같이 간단하게 나타내 볼 수 있다.

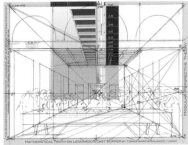

• 원근법은 누가 만들었을까?

원근법은 브루넬레스키(Brunelleschi, 1377~1446)에 의해 탄생했다. 그는 화가가 아니라 건축가였다. 하지만 단순한 건물의 설계가 아니라 건축공학이라 불릴만한 과학적 측정과 법칙에 의해 원근법을 발명했다. 하지만 원근법을 그림에 대입시킨 사람은 브루넬레스키가 아니다. 바로 마사초(Brunelleschi, 1377~1446)라는 화가가 처음 원근법을 회화에 도입시켰다. 그는 산타 마리아 노벨라 성당에 그린 프레스코화(성삼위일체)에서 처음 원근법을 도입하였는데, 이때 당시 원근법은 많은 사람들을 놀라게 만들었다. 첫 번째 작품에 이어서 두 번째 작품도 2차원적인 평면에 3차원적으로 표현한 기법을 사용하고 있다. 원근법을 공부해보면서, 세 번째 작품으로 넘어가 보자.

◈ 세 번째 주인공: "WRESTLING"

김홍도, 〈씨름〉

　세 번째 주인공은 조선 시대의 대표적인 화가인 김홍도가 그린 작품으로, 한국인이라면 모두 다 아는 씨름이다. 우리에게 굉장히 친근한 이 작품 속에 어떤 수학적 원리가 있는지 알아보도록 하자.

- 김홍도에 대해 좀 더 자세히 알아보자

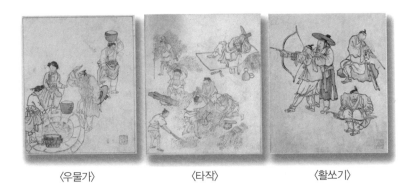

〈우물가〉 　　　　 〈타작〉 　　　　 〈활쏘기〉

씨름은 18세기 김홍도가 그린 수묵채색화이다. 김홍도는 정형산수화나 인물화에서보다 사경산수화와 풍속화의 세계에서 독창적인 필선과 구도, 색채와 조형감을 뛰어나게 표현하는 능력을 가지고 있다. 그는 18세기 후반 영·정조 때 영사조의 영향을 받아 회화에 있어서도 선민사회에 안목을 두게 되어 세속의 주제들을 화폭에 담은 풍속화가 회화의 한 장으로 등장하게 되었다.

- 씨름은 어떻게 구성이 되어있을까?

씨름은 상하 2단으로 관객을 배치한 중심부에 맞붙는 씨름꾼을 배치한 원형구도이다. 좌우의 공간을 고조된 경기 분위기와는 아랑곳없는 엿장수와 벗어 놓은 신발짝으로 허전한 공간을 메웠다. 이것은 여운의 조화와 화면의 안정감을 주기에는 충분했다. 흥분과 조바심 속에 서민의 해학이 밀려드는 역동감과 생활 풍경은 김홍도의 서민적 감흥의 깊이를 단적으로 표현한 솜씨라고 말할 수 있다.

• 씨름 속에는 어떤 수학이 담겨있지?

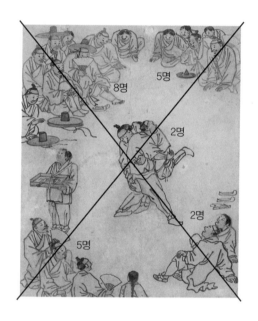

가운데 씨름을 하고 있는 사람 2명을 제외하면, 네 방면에 각각 8명, 5명, 5명, 2명의 구경꾼이 존재한다. 이들을 대각선으로 나누어 숫자를 계산해 보면 두 개의 대각선에 각각 12명의 사람이 존재한다는 것을 알수 있다. 옛날부터 12는 12달, 12시간을 비롯하여 완전수로 여겨졌기 때문에 이 그림에서도 12에 초점을 맞춰 작품이 성립되었다. 또한 작품 속의 인물 배치 또한 조화와 균형을 유지하여 그려졌다.

■ 글을 마치며...

  내가 쓴 글로 책을 만든다는 것이 처음이어서 그런지, 초반에 주제를 정할 때 굉장히 어려움을 겪었다. 나는 광고 기획자와 광고디자이너 꿈을 가지고 있는 학생으로 진로와 수학과 연결시켜 수학책을 쓰면서 나를 위한 지식을 쌓고 싶었지만 이와 관련된 주제를 찾기에는 너무 어려웠다. 그래서 내가 어떻게 이 꿈을 가지게 된 계기가 뭔지 생각하다 보니깐 연결점이 미술에 있었다. 평소에 그림을 잘 그리지는 못하지만, 열정만큼은 충분한 학생이었기에 미술과 수학에 대한 연결성을 찾기 시작했다. 이 또한 자료를 찾는데 어려움을 겪었다. 하지만 모나리자에 황금비가 쓰인 것을 알게 되면서, 미술작품 속에 수학적 원리가 있다는 것을 깨달았다. 그리고 동아리 시간에 교보문고에 방문하여 여러 책을 접하고 정보를 얻으면서 이 주제에 대해 글을 쓰기로 확신하였다. 내가 이 글을 쓰면서 가장 좋았던 점은 수학적 지식뿐만 아니라 평소에 화가와 미술작품에 대한 지식이 많이 부족한 학생으로서, 즐겁게 많은 것을 얻었다는 점이다. 하지만 처음 글을 써본지라 글을 구성하는 것도 많이 힘들었고 틈틈이 시간을 내서 글을 쓰는 것도 어려웠다. 중간중간에 완성본도 날리고, 시험기간도 겹치면서 내가 원한 퀄리티와 분량은 나오지 못했지만 친구들과 날밤을 새우며 표지와 책의 구성요소를 직접 하나하나 디자인했다는 것 자체가 정말 의미 있는 활동 같다. 되돌아보면 아쉬운 점도 정말 많지만, 기억에 오래오래 남을 의미 있는 활동이었다.

수상한 동아리 수학합숙반

작가 한재윤

밤 10시, 모두가 떠난 학교의 옥상에 홀로 올라온 소녀가 하늘을 올려다보다 불현듯, 매고 있던 가방을 내려놓고 옥상의 난간 위로 올라섰다. 다소 선선하게 불어오는 바람에 '한정아'라고 적혀있는 명찰이 싸늘하게 흔들렸다. 딱히 뛰어내리려는 생각은 없었다. 그냥, 정말 그냥. 그저 습관처럼 올라갔던 거니까. 수십 번을 올라가도 차마 난간을 놓지 못하고 매번 다시 내려왔으니까. 그럴 때마다, 이럴 때마다 더 살기 싫어지는 것은 여전했다. 바보 같고 한심해서, 내가 너무 싫어서. 정아는 애꿎은 입술만 깨물다 한숨을 푹 내쉬곤 난간에서 한 발, 한 발 내려와 바닥에 내팽개쳐 놨던 가방을 주워 다시 매었다. 그때였다.

"…이제 피타고라스 쓰면 된다니까?"
"됐어, 어차피 틀린 문제야."

옥상 어딘가에서 사람들의 목소리가 들려왔다. '나밖에 없는 줄 알았는데', 정아는 그들과 마주치기 싫은 마음에 서둘러 옥상 문이 있는 쪽으로 걸어갔다.

"…아니, 아니라니까?"
"아니 왜 답지를 안 받아와서 이러는데!"
"답지 보면 자존심 상한다고!"
"아니… 어? 야 누구 있는데? 야 이리 와봐!"

아, 들켰다. 순간적으로 표정을 일그러뜨린 정아는 귀찮다는 티를 내듯이 신발을 질질 끌며 목소리가 들려오는 곳으로 향했다. 옥상 문 옆의 코너를 돌아서 구석으로 들어가니 그곳에는 작은 옥탑방 같은 건물 하나와 중간에 상이 있는 정자가 있었다. 그동안 옥상에 올라올 때는 목적이 하나였기에 처음 보는 광경이 신기하기만 했다. 옥탑방 안에는 누군가 있는 듯 창을 통해 불빛이 새어 나왔고, 옥탑방 맞은편의 넓은 상 위에는 크리스털로 된 기름 등잔이 은은한 빛을 내고 있었다. 그리고 그 등잔 앞에는 오늘 치른 6월 모의고사 수학영역 시험지가 놓여있었다. 목소리의 주인공은 정자에 앉아서 그리로 오라는 듯 환하게 웃으며 정아에게 손짓했다.

"어? 너 1학년 3반 한정아 맞지?"
"아니, 아… 응."

마음 같아선 절대 아니라고 말하고 싶었지만, 아니, 이미 아니라고 말했지만 명찰에 당당하게 박혀있는 이름 석 자가 환하게 불빛을 받고 있어 차마 거짓말을 할 수 없었다. 아, 학교 오기 전에 옷이라도 갈아입고 올걸, 되지도 않는 후회를 하는 정아였다.

"우리 '서희반'에서 몇 번 마주쳤었는데! 나는 박지민이야. 저기 키 큰 애는 김상준. 너도 우리 동아리 들어온 거야?"

동아리? 정아는 호기심으로 가득 찬 두 남학생의 눈빛을 무시하며 좌우로 고개를 젓고선 나름대로의 심각한—남들이 보기에는 조금 멍청한—표정을 지으며 생각에 잠겼다.

1학년 9반 박지민, 1학년 10반 김상준. 둘 모두 학교에서 특별 관리하는 야간자율 학습반, '서희반'의 구성원이었고, 서희반 내에서 이과 과목 성적이 높기로 유명한 애들이었다. '얘네 둘이서 같이 할 만한 동아리는 수학동아리밖에 없을 텐데. 아, 설마 학교에서 먹고 자고 살림을 차렸다는 수학동아리 수학합숙반이 여기였던 건가.' 뜻밖이라기보단 아 여기구나, 하는 생각이 먼저 들었다. 음, 박지민과 김상준은 당연히 들어가 있었을 법한 동아리였으니까. 특별한 동아리실도 없으면서 어디서 먹고 자나 했더니 옥상에 이렇게 멀쩡한 장소가 있을 줄은 몰랐다. 게다가 '합숙반'이라는 명색에 맞게 학교에서 살고 있다는 소문이 거짓말은 아니었던 듯, 옥탑방의 지붕과 옥상의 기둥에 줄을 이어 만든 빨랫줄에는 여러 명의 교복이 널려있었다.

"아…, 그렇구나. 저기, 그래도, 혹시 이 문제 좀 풀어줄 수 있을까? 나랑 김상준 둘 다 이 문제를 틀렸는데 얘가 답지를 안 보여줘서 아까부터 계속 시달렸거든."

눈썹을 축 늘어뜨리고선 정아에게 진심으로 미안해하며 부탁하고 있는 지민에게 지민의 말을 잠자코 듣고 있던 상준이 얼굴 가득 억울함을 띠며 성화를 냈다.

"아니, 내가 일부러 안 보여주는 거라니까? 답지 보면 자존심이 상한 다고!"

"그래놓고 정답도 모르잖아!"

"확신이 없는 거지 풀긴 풀었다니까?"

"니가 낸 정답이 분수잖아!"*

(*모의고사 주관식 문제의 답은 무조건 음이 아닌 정수이다.)

"그건…."

정아가 알던, 박지민, 김상준과는 많이 다른 모습이었다. 상냥하고 친절하다던 박지민은 어디로 갔고, 시크하다던 김상준은 또 어디로 간 걸까. 문제 하나 못 풀고 있는 거에 팩트 폭력을 날리는 지민과 단호한 팩트에 울먹거리고 있는 상준. 문제만 얼른 풀어주고 도망가야겠다는 생각이 무럭무럭 자라났다.

"그래서 몇 번인데?"

"29번. 피타고라스 정리로 풀면 될 것 같은데, 계속 틀리네."

29. 선분 AB를 지름으로 하는 반원이 있다. 그림과 같이 호 AB 위의 점 P에서 선분 AB에 내린 수선의 발을 Q라 하고, 선분 AQ와 선분 QB를 지름으로 하는 반원을 각각 그린다. 호 AB, 호 AQ 및 호 QB로 둘러싸인 〰 모양 도형의 넓이를 S_1, 선분 PQ를 지름으로 하는 반원의 넓이를 S_2라 하자. $\overline{AQ} - \overline{QB} = 8\sqrt{3}$ 이고 $S_1 - S_2 = 2\pi$ 일 때, 선분 AB의 길이를 구하시오. [4점]

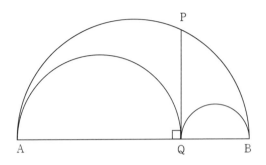

아, 이거 틀렸던 문젠데, 모의고사 끝나고 답지를 보며 한 번 더 풀어 봤음에도 이상하게 긴장이 됐다. 심지어 이번 수학영역 모의고사에서 오답률 2위를 한 문제였다. 수학 잘하는 애들 앞에서 수학 풀이라니. 왠지 억울한 감정이 들었지만, 까짓거 한번 해보지 뭐. 거침없이 샤프를 집는 정아다.

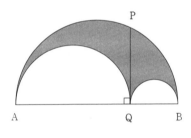

"음… 일단, $\overline{AQ} = x$, $\overline{QB} = y$ 라고 하면, 왼쪽도형에서 색칠한 부분의 넓이가 S_1이니까, $S_1 = \dfrac{\pi}{2}\left(\dfrac{\overline{AB}}{2}\right)^2 - \dfrac{\pi}{2}\left(\dfrac{\overline{AQ}}{2}\right)^2 - \dfrac{\pi}{2}\left(\dfrac{\overline{QB}}{2}\right)^2$이고, 각 선분에 x, y를 대입하면, $S_1 = \dfrac{\pi}{2}\left(\dfrac{x+y}{2}\right)^2 - \dfrac{\pi}{2}\left(\dfrac{x}{2}\right)^2 - \dfrac{\pi}{2}\left(\dfrac{y}{2}\right)^2 = \dfrac{\pi}{4}xy$ 라는 식이 세워져."

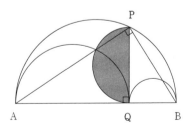

"그리고, 왼쪽 도형에서 색칠된 부분이 S_2 이고 $S_2 = \dfrac{\pi}{2}\left(\dfrac{\overline{PQ}}{2}\right)^2$ 이니까 S_2를 구하려면 $\overline{PQ}^2$을 구해야 돼. 선분 PA, PB를 그어주면 $\triangle$ APB, $\triangle$ AQP,

△ PQB가 각각 직각삼각형이 되니까 피타고라스 정리를 이용해서 식을 세울 수 있어.

$$\overline{AP}^2 + \overline{BP}^2 = (x+y)^2 \cdots\cdots ①$$

$$\overline{PQ}^2 = \overline{AP}^2 - x^2 = \overline{BP}^2 - y^2 \cdots\cdots ②$$

①을 ②에 대입하면, $\overline{BP}^2 = xy + y^2$ 가 나오니까 이 식을 ②에 대입하면, $\overline{PQ}^2 = xy$ 가 되겠지?

그러면 $S_2 = \dfrac{\pi}{2}\left(\dfrac{\overline{PQ}}{2}\right)^2 = \dfrac{\pi}{8}xy$ 가 되고, 준 식을 이용하면 $S_1 - S_2 = \dfrac{\pi}{8}xy = 2\pi$ 에서 $xy = 16$ 이 나오고, $\overline{AQ} - \overline{QB} = 8\sqrt{3}$ 에서 $x - y = 8\sqrt{3}$ 이 나와.

음, 그리고 $(\overline{AB})^2 = (\overline{AQ} + \overline{QB})^2$ 이니까 여기에다가 x, y 를 넣으면 $(x+y)^2 = (x-y)^2 + 4xy = 256$, 따라서 $\overline{AB} = 16$!"

헤에- 벌어진 상준의 입에서 멍청한 탄성 소리가 새어 나왔다. 야…, 정아야 너 우리랑 같이 동아리 하자. 옆에서 부추기는 지민의 목소리도 들려왔다. 아, 진짜, 민망해. 뜨거워지는 귓불과 양쪽 뺨을 긴장하느라 차가워진 손으로 매만지며 어서 여기를 벗어나야겠다고 생각했다. 정아가 뒤로 몇 걸음을 움직였을 때였다. 턱, 누군가와 부딪히는 듯한 느낌이 나고, 등 뒤에서 처음 듣는 저음의 목소리가 들려왔다.

"잘하네."

"…예?"

"잘한다고. 우리 동아리 들어와야겠다."

…싫은데요? 거절의 의사를 표현하려 뒤를 돌아 목소리의 주인공을 쳐다봤다. 첫인상을 한마디로 표현하자면, 하얬다. 어두운 밤에 빛이라곤 희미한 달빛과 등잔에서 나오는 빛, 그리고 옥탑방에서 새어 나오는 약한 빛밖에 없었음에도 혼자서 조명이란 조명은 다 받고 있는 것처럼 새하얀 피부를 가진 남자였다. 차가운 분위기에 비해 나른하고 덤덤한 눈빛이 인상적이었다. 그건 그렇고, 그렇게 단호한 표정으로 쳐다보면 거절을 못 하겠잖아. 어? 재현이 형! 언제 나오셨어요? 뒤에서 형이라며 반갑게 아는 척을 하는 김상준과 박지민을 보니 이 하얀 남자는 정아보다 나이가 많은 상급생인 듯했다.

"이름이랑 학번."
"…네? …그, 10320 한정아요."
"내일 보자."

 느릿느릿, 삼선 슬리퍼를 질질 끌며 뒤를 돌아 옥탑방 안으로 들어가는 남자의 마른 등이 어리둥절했다. 방금 뭐가 지나간 거지, 당황스러운 눈빛으로 지민을 쳐다보자 지민은 그저 빙글빙글 웃으며 어깨를 으쓱할 뿐이었다. 너 우리 동아리 됐나 봐. 옆에서 상준이 신난다는 듯이 말했다. 그날이 시작이었다.

＊

"야, 한정아. 내 말 안 들리냐?"

"어, 어?"

"학교 끝나고 같이 동아리방 가자고."

잠겨있던 생각 속에서 깨어나고, 고등학교 1학년 때의 풋풋한 냄새가 공기 중에 잠시 일렁이다 스쳐 지나갔다. 오늘은 정아가 고등학교 2학년이 되고 보는 첫 번째 시험의 마지막 날, 그러니까 중간고사의 마지막 날이었다. 미적분1과 생명과학, 이과를 선택한 정아가 오늘 본 과목이었다. 수학 과목을 본 만큼 오늘 동아리방에서는 열띤 토론이 있을 듯했다. 물론 시험 첫날에 확률과 통계를 보긴 했지만, 오늘은 시험 첫날과 열기부터 달랐다. 이과 특유의 성향인 건지 뭔지는 잘 모르겠지만 특히 '수학합숙반' 동아리의 구성원들은 모두 확률과 통계보단 미적분이 더 '수학적'이라며 좋아했다. 물론, 정아도 그랬다. 사실 정아는 이미 확률과 통계를 반쯤 놓은 상태였다.

"경제 배우는 문과 애들이나 열심히 하면 되지 불쌍한 이과는 굳이 왜 배워야 되냐아아악!"

시험 첫날 확률과 통계 시험지를 열심히 채점하던 같은 반 '수학합숙반' 회원인 김동환이 반에서 신세 한탄을 한 내용이다. 아무리 이과생이라고 해도, 모든 수학과목을 다 좋아하는 건 아니었다. 사실 과학탐구과목을 좋아해서 이과를 신청한 친구들도 적지 않았다. 이과에도 드물지만 늘 '수포자'가 있으니 말 다했다. 미적분과 생명과학 시험지 채점을 막 마치자마자 학교 끝나고 동아리방으로 올라오라던 상준의 말이 떠올랐다. 시험이 끝나는 날이라 점심도 안 나올 테니 그냥 바로 동아리방으로 가야겠다고 생각하며 발걸음을 옮겼다. 옥상으로 가는 계단을 오르며, 계속 올라가려는 입꼬리를 억지로 내리고 서둘러 발걸음을 재촉했다. 100점이었다.

"오, 한정아. 시험 잘 봤냐?"

동환의 물음에 정아는 대답 대신 그냥 고개를 끄덕였다. 자연스럽게 올라가는 입꼬리 끝에 위치한 얕은 보조개가 꽤 뿌듯해 보였다.

"대박⋯. 한정아 100점이라는 소문이 있던데 진짜였냐?"
"허얼 뭐야? 완전 배신이야. 엉엉 안 그래도 이번 시험 쉬워서 100점 없기를 기대했는데 실수한 나는 어떻게 하라구? 엉엉."

연신 "대박⋯" 하고 중얼거리다가 이내 "여러부운! 제 친구가 미적분을 100점을 맞았대요오오옥!" 하고 흥분해서 소리를 지르며 돌아다니는 상준과 엉엉 우는 소리를 내며 징징거리는 지민을 웃으며 구경하고 있는데 별안간 정아의 머리 위로 누군가의 커다란 손이 턱, 얹어지더니 정아의 머리를 대충 헝클며 특유의 낮은 목소리를 내었다.

"잘했네."

정아가 당황해하며 뒤를 돌아보자 먼저 동아리방에 온 듯 사복으로 옷을 갈아입은 재현이 씩 웃으며 서 있었다. …선배? 정아는 재현의 평범하고 간결한 칭찬 한마디에 이상하리만큼 가슴이 이리저리 간지러워지는 걸 느꼈다. 정아는 그 간질거림이, 그저 성적이 잘 나와서라고, 시험이 끝나서 들떠서 그런 거라고 생각하기로 했다. 아무래도 정아는 재현이 다른 애들에겐 감탄사조차 먼저 꺼내지 않는다는 사실을 모르고 있는 것 같다.

"아… 감사합니다."

뭐라고 말을 꺼내려는 듯 입술을 달싹거리던 재현이 미처 말을 꺼내기도 전에 동환과 3학년 선배 둘이서 옥탑방, 엄밀하게는 '수학합숙반' 동아리방 앞에서 소리쳤다.

"2학년 미적분 문제풀이 하자!"
"3학년 기벡 문제풀이 하자!"

와다다 달려가는 상준과 상준이 놓고 간 핸드폰을 챙기고 주섬주섬 뒤따라가는 지민, 그리고 그 뒤로 귀찮다는 듯 느릿느릿 걸어가는 재현의 모습이 보였다. 정아는 잠시 그 모습을 바라보다 초속 2m 이상으로 안 오면 저녁이 없을 것이라고 으름장을 놓는 동환의 목소리를 듣고 서

둘러 동아리방으로 발걸음을 옮겼다.

"…연속이라니까?"
"됐어, 어차피 틀린 문제야."

어딘가 익숙한 대화들이 오가고, 문제풀이는 또다시 정아가 하기로 한 모양인지 정아가 또박또박 문제풀이를 하는 소리가 옥탑방 안을 가득 맴돌았다. 어느새 해가 지고, 늦은 점심, 시간상으로는 저녁을 동아리원 모두가 모여서 함께 먹기로 했다. 즐거운 날이니까, 저녁은 삼겹살이다.

*

체육대회, 수학여행으로 쉴 틈 없이 놀았던 봄의 계절을 지나니, 어느새 6월이었다. 길어진 낮의 길이만큼 지민이가 집에서 만들어 왔다며 동아리방에 걸어놓은 귀여운 기린 모양 간이온도계의 빨간 선도 함께 길어져 갔다. 비로소 여름이었다. 아니, 시험기간의 시작, 6월 모의고사 날이었다.

사실 '시험기간'이라고 부르긴 하지만, 막상 공부하기에는 이른 듯한, 좀 더 놀고 싶은 그런 시기였다. 모의고사는 본래 실력으로 보는 거라며 짐짓 자만하던 정아는, 괜히 불안한 마음에 어제 동아리방에서 조용히 작년 모의고사 기출 문제를 풀었다. 지민과 상준은 이미 자고 있는 듯,

옆방에서는 인기척 하나 들려오지 않았다. 오후부터 모의고사 과학탐구영역 기출문제만 주구장창 풀던 지민과 상준이었다. 동환은 학원이 늦게 끝난다더니 집에서 자고 오려는 모양이었다.

의욕 넘치게 영어 영역 모의고사를 푸니, 다른 모의고사 문제를 풀기가 싫었다. 역시 제일 싫어하는 과목을 먼저 풀면 안 됐나. 듣기 문제를 포함해서 다 합쳐봐야 고작 25문제 정도만 풀은 정아였다. 그 재밌다던, 아 정정하자. 재미있지만 조금은 짜증 나는 수학영역 모의고사조차도 금세 싫증이 났다. 문득 자신의 집중력이 떨어진 것은 아닐까 불안해지는 정아였지만, 알게 뭐야. 억울한 표정으로 책상에 머리를 박고 엎드리며 엎드린 김에 그냥 책상에서 잘까 생각하다가 되려 뚜렷해지는 정신에 정아는 잠깐 바람을 쐬러 바깥에 나갔다 와야겠다고 생각했다. 옥상 여기저기를 터덜터덜 걸어 다니는데 조금 떨어진 곳에서 익숙한 풍경이 보였다. 작년 이맘때쯤 늘 왔던 곳, 수십 번을 붙잡았던 난간. 그리고 난간 너머로 보이는 여러 채의 아파트와 학원 상가들, 넓게 트인 밤하늘, 여름의 도입임에도 선선하게 불어오는 바람. 모든 게 그때와 같았다. 잊고 있었던, 아니 잊은 척이라도 하려고 했던 현실이 무섭게 정아를 덮쳐왔다.

그래. 작년에 정아는 바로 이곳에서 꽤 여러 번 자살을 하려고 했었다. 유치하게 가족의 사랑을 증명하고 싶어서도 아니었고, 우정을 증명하고 싶어서도 아니었다. 정아는, 그냥, 사는 게 힘들었다고 하면 될까. 고등학교 1학년, 17년짜리 인생이 뭐가 그렇게 힘들다고 자살을 하냐고 하겠지만, 흔히들 군대를 다녀온 사람이 술자리에서 자신이 갔다 온 군대가 제일 힘든 부대였다고 말하는 것처럼, 누구나 자신의 삶이 가장 힘들다고 생각하지 않을까. 착잡해지는 마음에, 한편으로는 말도 안 되는 향수에 정아가 천천히 옥상 난간 쪽으로 다가갔다. 정아의 시야에 옥상 난간과 하늘이 꽉 들어찰 때였다. 난간 앞에서 어두운 형체가 서 있는 것이 보였다. 조금 더 가까이 다가가 보니 골격 있는 마른 몸이 재현임을 알렸다. 어딘가 위태로워 보이는 느낌에 조심스럽게 발걸음을 멈추는 정아였다. 바스락, 갑자기 재현이 뒤를 돌아보더니 정아와 눈이 마주쳤다. 새하얀 그의 얼굴이 달빛을 받아 창백하게 보였다. 선선한 바람에 그의 머리칼이 부드럽게 흔들리고 있었다. 그저 가만히 정아를 내려다보는 재현의 시선에 정아는 거짓말을 들킨 학생처럼 쩔쩔맸다. 어느새 몸까지 돌려 난간을 등지고 선 재현이 발을 떼더니 정아가 있는 곳으로 성큼성큼 다가왔다. 정아의 바로 앞까지 온 재현이 저번처럼 정아의 머리에 손을 얹고 정아의 머리칼을 대충 헝클이고는 정아를 앞질러 걸어갔다. 그의 손이 따뜻했다.

"들어가자."

재현의 발걸음을 따라 옥탑방에 도착하고, 피곤한 정아의 몸을 무시하듯 머릿속이 이런저런 생각들로 복잡해져 꽤 늦은 시간에 잠에 들은 정아였다. 그리고 모의고사 2교시, 수학영역을 보는 지금, 정아는 생각했다. 역시 망했다. 그래도 조금의 지질한 핑계를 대보자면, 정아의 뒷자리에 앉은 남자애가 시험시간에 생리현상, 이과적으로 표현해보자면

'냄새나는 분자 덩어리'를 참지 못하고 방출해낸 이후로 집중력이 완전히 깨져버렸다. 뀔 거면 소리 없이 뀔던가. 왠지 냄새를 맡은 것만 같아 저절로 미간이 찌푸려지는 정아였다. 속으로 뒷자리 남자애를 마구 욕했지만, 기분이 상쾌해지지는 않았다. 2분만 기다리면 점심시간임에도, 그다지 즐겁지도 않았다. 다만 어제 새벽 잠깐 마주쳤던 재현의 따뜻했던 손의 온도와 목소리가 머릿속에서 맴돌았다. 왜 이래, 미쳤나 봐. 나 선배 좋아하나. 혼란스러운 머릿속과는 달리 정아의 양쪽 귀는 이미 발갛게 물들어 있었다.

말 그대로 '풀가동' 했던 머리를 식히며 먹는 둥 마는 둥, 대충 점심을 해치우고 본 영어영역 모의고사 역시 망쳤다. 그 많은 지문을 하나하나 해석하며 이해하려니 머릿속에 과부하가 걸리는 것 같았다. 재부팅이 필요한 시점이라고 생각해 잠깐 멍때린 게 그렇게 시간을 많이 뺏을 줄은 몰랐다. 그래도 듣기는 다 맞았다. 유일한 프라이드니 비웃지 않으면 좋겠다. 그래도 탐구과목은 나름대로 선전했다. 한국사는 무려 1등급이 나왔다. 솔직히 이게 제일 신기하다. 공부한 적이라곤 중학생 때와 고등학교 1학년 때 배운 게 다인데, '이거겠지' 싶은 게 다 답이었다. 과학탐구도 나쁘지 않게 봤다. 물리 모의고사는 2등급이 나왔으나, 지구과학도 비슷하게 나온 것 같다. 그럼 뭐해. 국영수를 못 봤는데.

"잘 봤냐?"

흐흥, 바보같이 웃으며 고개를 좌우로 젓는 걸로 대답을 대신했다. 잘

봤을 리가 없다. 오히려 망쳤으면 망친 거지. 동환도 어지간히 못 봤는지 옆에서 "야 우리 정시로는 못 가겠다"하고 중얼거리는 소리가 들려왔다. 정시는 둘째 치고 수시 수능 최저도 못 맞추게 생겼다.

"동아리방 가서 30번이나 풀자. 나만 틀린 줄 알았는데 역시 30번이더라. 오답률 1위래."

동환과 함께 옥상에 가니 심각한 표정의 지민과 상준이 정자에 앉아 있었다. 너네는 모의고사만 보면 여기 있냐- 동환이 웃으며 지민과 상준 옆에 앉았다.

문제풀이가 끝난 뒤 각자의 성적에 대한 아쉬움으로 가득 찬 저녁을 먹고 잘 준비까지 마친 정아가 후련하면서도 찝찝한, 복잡한 마음에 바람을 쐬러 밖으로 나왔다. 차분하게, 느리게 옥상 여기저기를 걸어 다니다 보니 또다시 그곳이 나왔다. 정아도 모르는 새에 정아의 시선이 재현을 찾고 있었다. 오늘은 안 나왔나, 어제 새벽 재현이 서 있던 난간 앞으로 가 고개를 들어 밤하늘을 봤다. 얼마 만에 올려다보는 하늘일까. 얇은 구름이 환한 달을 훑고 지나가고 있었다. 구름을 통과해서 새어 나오는 달빛이 부드러웠다. 넓은 하늘에 몇 개 없는 별들이 콕콕 박혀있었다.

"…어제도 그렇고, 오랜만이네."
"…오랜만?"

"너가 여기 오기 전부터, 나도 맨날 여기 왔었어."

아아– 재현은 이미 작년부터 정아의 모습을 봐왔던 것이다. 속을 들킨 것만 같아 부끄러우면서도 한편으로는 화가 났다. 정아가 옥상의 동아리방을 처음 알게 된 그 날도, 다 봤던 걸까.

"그럼…?"
"응… 미안. 처음부터 보려고 했던 건 아닌데, 계속 신경이 쓰이더라고. 음, 나도 그랬거든."
"…무슨 말을 하시는 건지?"
"음대 가려고 했는데, 돈이 없는 거야. 그래서 알바하겠다고 했더니 학생이 무슨 알바냐면서 안 된다고 그렇게 말리시더라고. 근데 돈이 없던 게 아니라 그냥 내가 음대 가는 걸 싫어하셨어. 다른 부모님들처럼, 내가 공부해서, 성적으로 좋은 대학 가서 안정적인 직업 갖는 걸 원하시더라고."

예상치 못한 방향으로 이야기가 흘러갔다. 갑작스러운 깊은 얘기에, 아니 정아 자신의 상황과 비슷한 얘기에, 정아는 속에서 왈칵, 무언가 차오르는 것이 느껴졌다. 이미 재현에게 괘씸한 마음이 드는 것은 뒷전이었다. 눈물이 나올 것 같았다. 정아의 속마음을 다 알아챈 듯 살짝 웃으며 재현이 계속해서 말을 이어나갔다.

"그리고 내가 최상위권 성적도 아닌데, 솔직히 누구나 다 아는 대학을 간다는 것부터가 판타지잖아. 그러면서 좋은 대학, 높은 과에 합격한, 내가 태어나서 한 번도 본 적 없는 사람들이랑 나를 계속 비교하시는데, 아- 진짜 듣기 싫었어. 음대 준비하면 안 되겠냐고 한 세 번쯤 물어봤을 때였나, 음악은 대학 가서 취미생활로 할 수 있지 않냐고 그러시더라. 대학 가면 더 바빠지는데, 내가 진짜로 하고 싶지도 않았던 일로 스케줄이 꽉 차있을 텐데. 내가 우선순위를 어떻게 판단하냐. 그리고 무엇보다, 내 꿈이 한낱 취미생활로 여겨진다는 게, 그게 너무 싫어서 부모님을 엄청 원망했어. 그렇다고 해서 친구들한테 말하기는 쪽팔리는데, 걔네는 걔네 나름대로 내가 힘들어하는 게 눈에 보이니까 답답해하고. 괜히 친구 관계도 삐딱해진 거지. 가족이나 친구나 내 편이 없는 것 같았어. 그러다 보니까 그냥 살기 싫어지더라고."

둘이서 이렇게 오랫동안 대화를 나누어 본 게 처음이었음에도, 재현은 정아가 불편해하지 않게, 자연스럽게 이야기를 이끌어 나갔다. 아닌 게 아니라 어느 순간부터 정아는 그의 말에 편안하게 반응하고 있었다. 능청스럽게 말을 하는 것도 능력인 듯했다. 마치 예전부터 알고 지낸 사이였던 것처럼, 정아는 어느새 재현의 말에 공감하며 자신의 과거와 현재를 재현의 과거와 현재에 투영하며 정아 자신의 고민에 대한 답을 찾고 있었다.

"근데, 나는 내가 살기 싫은 이유가 다 다른 사람들 때문인 줄 알았거든? 근데 가만히 생각해보니까, 내가 살기 싫은 이유가 '내가 싫어서'인 거야. 진짜 절망적이지 않냐. 내가 싫어서 죽고 싶더라고. 그냥. 내가 음

악을 좋아했던 것부터, 내가 어렸을 때 피아노학원에 다니게 해달라고 졸랐던 것도, 성적이 안 나오는 것도, 살기 싫다고 생각하면서 자살시도만 하고 정작 죽지도 못하고 있는 것도. 그냥, 나는 내가 너무 싫더라."

'내가 싫다.' 누가 들으면 중2병이냐고 오해할법한 문장이겠지만, 겪어본 사람들은 알 거다. 아, 공감능력이 뛰어난 사람들도 포함하자. 정아도 그랬다. 자기 자신이 싫었다. 자신이 제일 혐오하는 사람이 자기 자신이었다는 것을 깨달은 순간의 고통은, 으, 감히 짐작할 수 없을 것이다. 아니, 영원히 몰랐으면 좋겠다. 정아는 지칠 만큼 다른 사람 탓을 하고 있는 자신이 역겨웠다. 수십 번 칼날로 팔 여기저기를 그어도, 파상풍에 걸리진 않을까, 흉이 지진 않을까 걱정하는 자신이 어이없었다. 씻을 때마다 따끔거리는, 삶과 죽음 사이에서 괴로워하며 새긴 흔적들이 가소로웠다. 창밖을 내려다봤을 때, '이 정도 높이면 충분하겠다' 하고 생각하는 자신이 징그러웠다. 정아는, 정말 말 그대로, 자기 자신이 싫었다. 죽고 싶다는 말을 입에 달고 살면서도 왜 죽고 싶냐는 친구나 가족들의 물음에 정아는 그 이유를 말하지 못했다. 그들에겐 그 이유가 너무 가볍게 여겨질 것 같았다. 그들은, 애초에 자기 자신을 혐오해본 적이 없었으니까. 괜한 것을 깨달았다고 생각했다. 아무도 공감해주지 못하니까. 그런데 정아와 같은 사람이 있었다. 재현은, 정아와 똑같은 고통을 겪고 괴로워했다. 재현은 온전히 자신의 경험과 생각만으로 정아의 고통에 공감했고, 정아를 위로했다. 혼자가 아니라는 연대감. 어쩌면 정아는 외로웠기에, 그래서 그동안 더 고통스러웠는지도 모른다. 목 뒤 깊은 곳에서 무언가가 뜨겁게 복받쳐 올라왔다. 이내 코끝이 찡해지더니 목이 메어왔다. 시야가 흐려지면서 눈이 뜨거워졌다. 눈물이 고인 것을 들키고 싶지 않아 고개를 숙이자 정아의 의도와는 다르게 눈물이 정아의 신발코 앞에 후두둑 떨어졌다.

"내가 나 자신이 싫어서 죽는 건데, 누가 뭐라 할까 싶기도 하고. 그래서 그냥 진짜 죽어야겠다고 생각을 하고 난간 쪽으로 갔는데, 누가 있는 거야."

"…아!"

"응, 너."

재현이 푸스스 웃으며 정아를 밉지 않게 노려봤다. 갑작스럽게 마주친 눈에 정아가 당황하며 눈을 피했다. 어두운 밤이 정아의 촉촉한 눈가와 붉어진 볼을 옅게 가려주고 있었다.

"사람이 진짜 이상한 게, 나는 죽어도 상관이 없는데, 남이 죽으려고 하는 걸 보니까 말릴 생각을 하고 있는 거야. 생판 처음 보는 사람인데, 진짜 슬펐어. 도와주고 싶었어. 그래서 그냥 자살하는 거 포기하고 옥상에서 맨날 기다렸어. 너 떨어지기 전에 잡아주려고."

"아…."

"완전 든든하지?"

무거운 주제와는 상반되게 재현이 뿌듯한 듯 코를 찡긋하며 환하게 웃었다. 아마, 내일부터는 나를 사랑할 수 있을 것 같다.

■ 글을 마치며...

　와 진짜 힘들었다. 시간에 쫓기는 것도 힘들었지만 '창작의 고통'이라고, 진짜 머리 쪼개지는 것 같았다. 특히 거짓말을 약간 보태서 한 번도 경험해 본 적 없는 사랑의 감정과 연애의 감정을 표현하려다 보니 더더욱 힘들었던 것 같다. 그렇지만 머리가 두 쪽 난 것치고도 그다지 완성도 높은 글이 나오지 않은 것 같아서 많이 아쉬움이 남는다. 그래도 태어나서 처음으로 소설을 쓰고, 이를 완성했다는 것이 신기하고 뿌듯하다.

　또 힘들었다고 하기보단 어려웠던 부분이 있었는데, 공간과 상황을 묘사하는 부분이 생각보다 복잡했던 것 같다. 머릿속에 있는 공간을 글로써 독자들이 그 공간의 상황과 분위기, 냄새, 색깔까지 그려지도록 생생하게, 구체적인 모습으로 표현해내는 것이 수십 번을 읽어가며 수정해야 완성되었었다. 건축동아리에서 창작활동으로 3D모델링 프로그램을 다루며 머릿속에서 상상한 공간을 3D로 모델링하는 건 어렵지 않았는데, 소설은 '공간' 자체보다는 그 공간의 시간감과 계절감 등을 넣음으로써 '구체적인 공간'을 만들어 독자가 더 쉽게 이해하고 더 잘 상상할 수 있도록 해야 해서 더 복잡하고 어려웠던 것 같다. 또 시중에 나와 있는 흔한 소설책의 작가들 대부분 몇 개의 수식과 묘사만으로도 공간을 완벽하게 표현해내는데, 이 활동을 통해 소설 작가가 새삼 대단하다고 느껴지기도 했고, 소설 작가라는 직업이 상당한 공간지각 능력이 필요한 직업인 것 같다고 생각하게 되었다.

또 이런 부분에서 건축가와 작가의 공통점을 찾은 것 같다. 평소에 건축가는 자신만이 원하는 건물을 짓는 게 아니라 그 건물을 이용하는 사람들에게 유용하고 건물을 이용하는, 심지어 그 건물을 지나가는 사람들까지도 고려해가며 지어야 하는 직업이라고 생각해왔었는데, 건축가처럼 소설 작가 역시 자신만이 이해하는 선에서 글을 쓰는 게 아니라 독자가 읽었을 때 이해할 수 있도록 독자를 고려해가며 써야 하는 것 같았다. 즉 두 직업 모두 자신의 창작물을 접하는 타인의 모습을 생각하면서 작업해야 한다는 점에서 비슷하다고 느끼게 된 것 같다. 글로써 타인을 고려해 보는 것은 또 처음이라 더 귀하고 잊을 수 없는 경험이 되었다.

정말 많은 시행착오가 있었는데, 후기를 쓰니까 그게 주마등처럼 지나간다. 시원섭섭하다. 1년이라는 장기 프로젝트 동안 고생하신 박준석 선생님과 함께 고생한 회장 재혁이, 그리고 부원들, 너무 수고했다고 전해주고 싶다. 읽어주신 모든 분께 감사하다.

| 에필로그 |

드디어, 1년 동안 계획하고 진행해왔던 프로젝트의 결실을 얻는 순간이 왔다. 글쓰기를 시작한 지가 엊그제 같은데, 벌써 글쓰기를 완성하고 책을 출판하게 되었다. 책 제작을 마치고 모두들 드는 생각은 바로 '뿌듯함'일 것 같다.

3월에 처음 동아리 부원들을 만나고, 따옴표 동아리의 〈이과와 문과 사이〉라는 책을 처음 접했을 때 그 기억이 아직도 생생하다. 책을 쓴다는 것이, 우리가 평소 읽던 책처럼 체계적인 구성이 필요하고, 참신한 소재도 필요하며 이러한 요소들을 표현하는 능력도 필요만 하는 줄만 알았다. 책 쓰기를 직업으로 삼는 '작가'들도 있기 때문에 우리가 책을 쓴다는 것 자체를 생각해 본 적도 별로 없고, 생각해 볼 수도 없었던 것 같다.

하지만 〈이과와 문과 사이〉라는 책을 보고 '어, 이거 우리도 할 수 있겠는데?'라는 생각이 들었다. 선생님께서도 그리 어려운 작업이 아니며, 우리가 체계적으로 일정을 계획하고 계획한 활동들을 성실히 수행한다면 책 쓰기는 그리 어렵지 않을 것이라고 말씀하셨다. 이러한 마음가짐으로 글쓰기 활동을 시작했다.

직접 교보문고에 방문하여 다양한 책들을 살펴보며 각자 글쓰기의 주제도 몇 가지 생각해보고 책의 구성도 확인했다. 돌아와서는 각자 글쓰기 주제를 정하고 어떤 형식으로 글쓰기를 수행해나갈지 발표함으로써 본격적인 글쓰기를 시작했다. 중간중간 회의도 진행하고 서로의 글쓰기도 확인하며 서로의 의견을 나누는 시간을 가졌다. 이런 과정에서 글의 질도 높아지고, 더 풍성한 내용으로 글쓰기를 구성해나갈 수 있었다.

이제 글쓰기를 마무리할 시간이 다가온 것 같다. 이번 동아리에서 글을 쓰고 책을 제작한 활동이, 아마 고등학교 생활 중 가장 기억에 남는 학교활동이 되지 않을까 싶다. 김세은, 김태경, 이다희, 류현서, 한재윤, 유재혁 동아리 부원들 1년 동안 열심히 동아리 활동하느라 수고 많았고, 모두 글쓰기 활동을 탈 없이 마무리한 것만으로도 아주 잘했다는 생각이 든다. 그리고 1년 동안 동아리 부원들을 챙기고 활동의 총 책임자로서 아주 아주 아주 많이 고생하신 박준석 선생님께도 감사의 말씀을 드린다.

이번 미적, 감각 수학 책 쓰기 동아리의 활동은 여기서 끝이 나지만, 내년 그리고 앞으로도 새로운 학생들과 함께 새로운 책 쓰기 활동이 진행되기를 바라면서, 미적, 감각 수학 책 쓰기 동아리의 활동을 마치도록 하겠다.

– 미적, 감각 동아리 부원 일동